大人のための
数学勉強法

どんな問題も解ける10のアプローチ

永野裕之
HIROYUKI NAGANO

ダイヤモンド社

大人のための
数学勉強法

●

目次

はじめに
なぜ あなたは数学が できなかったのか？

- 数学ができるために必要な能力とは？ ……………………… 2
- 私も数学ができませんでした ……………………………… 4
- 私が「数学勉強法」を確立するまで ………………………… 5
- 大人には見えてくる数学を学ぶ本当の理由 ………………… 5
- 今こそ味わうことのできる数学の魅力 ……………………… 6
- 「文系」の人こそ数学を！ …………………………………… 7
- この本の使い方 ……………………………………………… 8

第1部
数学は どのように 勉強すべきか

暗記はしない ……………………………………………… 12

- 勉強のコツ…それは「覚えない」こと ……………………… 12
- なぜ数学を学ぶのか ………………………………………… 12
- 数学はつまらない？ ………………………………………… 13
- 覚えないですませる方法を考える …………………………… 14

暗記の代わりにすべきこと　19
- 「なぜ？」を増やす　19
- 「意味付け」をする　21
- 「知識」ではなく「知恵」を増やす　25

定理や公式の証明をする　27
- 定理や公式は"人類の叡智の結晶"　28
- 証明には感動がある　28
- 証明を通して育てる「数学の力」　29
- 三平方の定理の証明　30
- 2次方程式の解の公式の証明　33
- ひらめきの理由を明らかにする　37

「聞く→考える→教える」の3ステップ　38
- 「わかる」とはどういうことか　38
- 学習の3ステップ　39

自分の「数学ノート」を作る　43
- ノートは未来の自分のために書く　43
- 取るノートから自分で作る「宝物」ノートへ　43
- ノートを作ると「教える」ことを経験できる　45
- 「宝物」ノートの作り方　46

第2部
問題を解く前に知っておくべきこと

数学で文字を使うワケ — 52
- 算数と数学の違い — 52
- 演繹と帰納 — 53
- 一般化とは — 56
- 文字を使うことの恩恵 — 57

未知数は消去する — 58
- 代入法 — 58
- 加減法 — 59
- 万能なのは代入法 — 60
- 合言葉は「未知数を消せ！」 — 62
- 消せる未知数の見つけ方 — 62
- 二元連立二次方程式の解き方（おまけ） — 65

問題集の使い方 — 66
- 「わかる」と「できる」は違う — 67
- 問題集の「解答」について — 67
- 問題集に載っている問題は試験に出ない — 68
- なぜできなかったのか？ — 68
- 問題ができたときは — 70

苦手な人に欠けている「解く」ための基本 — 71
- 文章題は「数訳」する — 71
- 割り算には2つの意味がある — 75
- グラフと連立方程式の繋がりを意識する — 80
- 補助線の引き方は「情報量」で判断する — 85

数学ができる人の頭の中 — 92
- 数学が苦手な人の典型的なパターン — 92
- できる人は「基本的な考え方」を使っているだけ — 93
- 「10のアプローチ」の効能 — 94
- 原理・原則・定義に戻って問題を分解する — 95

第3部 どんな問題にも通じる10のアプローチ

［アプローチ その1］次数を下げる — 98
- 1の3乗根 — 98
- 図形における「次数」下げ — 103

［アプローチ その2］周期性を見つける — 110
- カレンダーがなくても困らない？ — 112
- 合同式とは — 114

[アプローチ その3] 対称性を見つける —— 127
- 図形の対称 —— 127
- 対称式 —— 130
- 相反方程式 —— 133

[アプローチ その4] 逆を考える —— 137
- 「少なくとも……」のときは逆を考える —— 138
- 背理法 —— 139

[アプローチ その5] 和よりも積を考える —— 146
- 式の情報量とは —— 146
- 不等式の証明 —— 149

[アプローチ その6] 相対化する —— 154
- 相対化＝引き算 —— 154
- 循環小数 —— 155
- 階差数列 —— 156

[アプローチ その7] 帰納的に思考実験する —— 162
- 具体的な数字は考えやすい！ —— 162
- イメージを膨らませて予想を立てる —— 163
- どんどん「実験」しよう —— 164
- 数学的帰納法について —— 167

[アプローチ その8] 視覚化する —— 175
- 最大値・最小値問題の特効薬 —— 175
- 連立方程式を解く途中、と考える！ —— 177
- 飛び石に橋を架ける —— 182

[アプローチ その9] 同値変形を意識する	184
● 必要十分条件（同値）とは	186
● 式変形は同値変形	187
● 同値変形であるかどうかを意識する	188
● 必要条件による絞り込みと、十分条件であることの検討	192
● 考え方に名前をつける	196
[アプローチ その10] ゴールからスタートをたどる	198
● ゴールの1行前を考える	199
● 図形問題の例題	201
● ヒラメキが必然になる	205

第4部
総合問題
10のアプローチを使ってみよう

● 総合問題①	209
● 総合問題②	221
● 総合問題③	228
● 総合問題④	234
おわりに	242

はじめに

なぜあなたは数学ができなかったのか?

数学ができるために必要な能力とは?

　今、この本を手に取ってくれているあなたはきっと、学生時代に数学が苦手だったのだろうと思います。想像ですが
　「私には数学の才能がない」
と数学にコンプレックスを持っているかもしれませんね。
　また、もしかしたら
　「数学ができる人＝ひらめきのある人」
と、自分とは別世界の人間のように思っていませんか?
　しかし、それは誤解です！

　数学者の秋山仁先生はその著書『数学に恋したくなる話』の中で「理系大学進学に必要な能力」として、

（1）自分の靴を揃えて指定されている自分の靴箱にしまえる
（2）知らない単語の意味を辞書を引いて調べることができる
（3）カレーライスが作れる〔レシピを見てもよい〕
（4）自宅の最寄り駅から自宅までの地図が描ける

の4つを挙げていらっしゃいます。どうですか?
　「これくらいならできそうだ」
と思いませんか? 　ちなみに上の4つの能力はそれぞれ
（1）1対1対応の概念がわかる
　　　自分の左右の靴を対応させ、さらに指定されている自分の靴箱に対応させることができるのはすなわち1対1の概念がわかっている証拠です。
（2）順序関係を理解できる
　　　たとえば「book」ならbが2番目の文字で、次のoはnとpの間で……とアルファベット26文字の順序関係がわかっていることが必

要です。
（３）手順を整理し実行＆観察ができる
材料を揃えて作業の手順に従ってそれに適切な処理をし、さらに経過を観察する力が必要になります。
（４）抽象能力がある
３次元空間を２次元平面に落とし込むには余計な情報を削ぎ落とし、必要な情報だけを表現する抽象能力が必要です。

という能力に言い換えることができますが、ほとんどの方はこれらの能力を持っています。数学の「天才」として数学者になって世界の数学界をリードするような人間になりたい（そういう人はこの本を決して手に取らないでしょう）のなら話は別ですが、理系の大学に進学したり、仕事で必要な数学を理解したりするために、特別な「数学の才能」など必要ないのです。

　それなのに、なぜ数学ができなかったのか？　私は断言します。あなたが数学ができなかったのは、あなたに数学の才能がなかったからではありません。あなたの数学の勉強法が間違っていたからです。

　私はこの本の中で、数学ができるようになるための勉強法を書きました。それは、数学が楽しくなり、数学がわかるようになる勉強法です。私自身が高校生のときにその原型を編み出し、その後の約20年にわたる指導経験のなかで、ブラッシュアップしてきたものです。この勉強法が効果的であることは、これまでのたくさんの生徒さんが実証してくれています。数ヶ月でクラスビリ→学年２位になる等、短い時間で数学の成績が一挙に上がった例は少なくありません。皆さん
「怖いくらいにわかります！」
「こんなに数学が楽しいと思ったことはありません！」
と言ってくれています。

私も数学ができませんでした

　断っておきますが、私は数学科を出た数学の専門家ではありません。大学は東京大学の地球惑星物理学科を卒業し、大学院は宇宙科学研究所（現宇宙開発機構＝JAXA）に進みました。その後は突如方向転換をして、クラシックの指揮者の道を目指し、レストラン経営に参画するという経験も積んで、今は永野数学塾という個別指導塾の塾長をしています。我ながら変わった経歴で紆余曲折ありましたが、そんな中で唯一続けてきたことは「数学を教える」ということです。大学入学直後から家庭教師として、また今は数学塾の塾長として約20年、たくさんの生徒さんを個別指導してきました。数学科の出身ではありませんが、数学を教えるプロではあると自認しています。

　しかし学生時代を振り返れば……数学の点数は決してよくありませんでした。クラス平均を大きく下回る成績を取ってしまったことも一度や二度ではありません。中学のときは野球に、高校のときは音楽にのめりこんでいたせいもありますが、成績はクラスの底辺をさまよっていたのです。そんな状態が続く中、高校２年生の冬（←遅い！）に、
　「さすがにこれはまずいなあ」
と思い、真剣に勉強しよう！　と一念発起しました。しかし、いかんせん周囲には大きく遅れをとっています。また、その時期は同級生も同じく本気モードになる時期です。そこで私は
　「みんなと同じことをしていては駄目だ」
と思いました。自分なりの勉強法を考えなくてはいけない、何か一発逆転できるような素晴らしい勉強法はないか？……とにかく当時はそればかりを考えていた気がします。そして同時に
　「どうせやるなら楽しく勉強したい！」
とも思っていました。今考えれば図々しい限りですが、受験までの１年以上をただただ辛くて苦しい受験勉強に塗りつぶされるのは、まっぴらごめんだと思っていたのです……。

私が「数学勉強法」を確立するまで

　自分なりの勉強法を見つけようと模索しているときに、ふと思いました。
「本や映画のあらすじはどうして人に話せるのだろう？」
　一度しか読んでいなくても、一度しか観ていなくても、物語の中で起きた出来事を順序通りに並べ、結末までを人に説明できるというのはじつは凄いことなのではないか？　と思ったわけです。本や映画のあらすじが体に入ってくる「仕組み」を数学の勉強に応用できれば、きっと効果的だろうし、しかも楽しそうだとワクワクしました。
　そうして、「暗記をしない」、「物語をつかむ」、「教える」……といったこの本でご紹介する「数学勉強法」の根幹ができあがっていきました。

　自分なりの勉強法が確立してくると、私の数学の成績は上がり出し、最終的には東京大学の理科一類に合格することもできました。繰り返しますが、私は数学の専門家ではなく、数学の才能に恵まれているわけでもありません。これは謙遜でも何でもなく、自分のことだから哀しいくらいによくわかります。でもそんな私でも、正しい勉強法で取り組むことによって、東大の入試を突破するくらいの力をつけることはできました。そして、この勉強法は大学入学後も大いに力を発揮し、進振り（東大では２年生のときに、入試より厳しい専門課程への「進学振り分け」があります）や大学院でも希望のところに進むことができました。

大人には見えてくる数学を学ぶ本当の理由

　私は家庭教師の時代から大人の方にも数学を教えてきました。最初は特に年齢制限を設けずに生徒さんを募集したところ、たまたま社会人の方が応募してくれたのがきっかけでしたが、それ以降社会人の生徒さんが途切れたことはなく、今も「大人の数学塾」で大人を対象に数学を教えています。私が大人に数学を教えることにこだわり、ずっとそれを続けてきたの

は、大人には数学を学ぶ本当の理由が見えやすいからです。そこには学生に教えるのとはまたひと味違った醍醐味があります。
「今さら数学なんて勉強しても何の役にも立たないよ」
そんな風に考える大人の方は少なくありません（あ、この本を手に取ってくれたあなたは違うと思いますが！）。確かに、数学で扱うベクトルや指数関数や三角関数などが日常生活で必要になることはまずないでしょう。にも関わらずほとんどの国で数学は義務教育のカリキュラムに入っています。なぜでしょうか？

それは、論理力（＝数学的思考力）、すなわち筋道を立てて物事を考えていく力を養うことこそ数学を学ぶ本当の理由だからです。論理力があれば他人に自分の意見を納得させることができますし、反対に自分と違う他人の意見を理解することもできるようになります。

それだけではありません。対人関係や仕事上のトラブル、それに環境問題などの社会問題などでも、複雑な問題解決の糸口を探るには、問題点を検証・定量化し、対象を客観視して、論理的に解決を探っていかなければなりません。さらその問題が解決できたときに、経験した具体的な事柄を抽象化することができれば、経験に基づく解決法の汎用性が一気に高まり、新たな問題に立ち向かう際の指針を自分で創り上げることもできます。これはまさに数学です。

また、身近なところでは、オーディオの配線だって数学ですし、新しい家電の説明書を読む力や上手に旅行や仕事の予定を立てることも数学だと言えます。数学は問題集に載っている問題を解くために学ぶものではありません。数学は論理力を磨き、世の中を生き抜く「脳力」を磨くために学ぶものなのです。そして大人は生活の中に溢れるその必要性を痛感する機会に恵まれています。

今こそ味わうことのできる数学の魅力

残念ながら学生達には、数学を学ぶ本当の理由を自覚し、そこにある感動に浸っている余裕がなかなかありません。次々と迫る定期テストをクリ

アしていくために、とにかく公式や解法の丸暗記をして、なんとか乗り越えなければならないからです（実際は、たいてい丸暗記では乗り越えられないのですが……）。多くの学生にとって数学は暗記科目に成り下がっています。当然そこには「論理」のカケラもなく、数学を学ぶ意味は完全に失われています。もしあなたにとって学生時代の数学が暗記科目であったのなら、今こそ、数学を学び直し、本当の数学の魅力を味わうチャンスです！　試験に追われることなく、時間を自由に使って、興味のおもむくままに学ぶ数学はあなたの数学観を180°変えてくれることでしょう。

　数学は紙と鉛筆さえあれば、誰でもすぐにはじめることができます。しかも数学は大人の方が学生よりも学びやすいと言っても過言ではありません。なぜなら大人は学生よりも多くの人生経験を積んでいるからです。経験は、抽象的な事柄を具体的にイメージすることに役立ちます。数学の世界は多分に抽象化された世界ですが、そこに生きた「意味」や具体的な「美」を重ね合わせることができるのは大人の特権とさえ言えると思います。

「文系」の人こそ数学を！

　私の塾で、苦手だった数学を短期間で克服する生徒さんに共通していることがあります。それは国語力に優れていることです。特に筋道を立てて文章を構築できる人、他人が言ったことを自分の言葉で言い換えることができる人は、すでに物事を論理的に考えるための下地が十分にできあがっているため、正しい勉強のコツを伝えると呑み込みが早く、あっと言う間に数学の力を伸ばします。

　また人間は言葉を使って物事を考えます。論理を構築する道具として言葉を使います。ですから、まず数学を学ぶ下準備として確かな言語能力は必須です。

　学生時代に「私（僕）は文系だから……」と数学を捨ててしまう人が多いことはとても残念です。よく文系の人が「私は数学ができない人」と自

分で自分にレッテルを貼っていますが、たいていそれは誤解です。また多くの場合、数学ができることと国語ができることは反対の能力のようにも思われていますが、これも大きな間違いです。私に言わせれば
　「国語は得意だったけれど、数学（算数）は苦手だった」
というのは矛盾しています。そしてそれは
　「私は数学の勉強方法を間違いました」
とほぼ同意義です。国語ができたのなら、文章を読んだり書いたりすることに自信があるのなら、数学は必ずできるようになります。

この本の使い方

　真面目に勉強をしてきたのに、数学につまずく人の多くは中3〜高1でその壁に当たります。その辺が丸暗記による勉強の限界だからです。そこで、この本では、中学〜高1程度の数学の内容を中心に扱っています（一部進んだ内容も含まれますが、紙面の許す限りその場で説明を入れています）。皆さんがつまずいた経験があるだろう題材を通して、数学の正しい勉強法を学んでもらうためです。しかし、それはある人には簡単すぎて、ある人には難しすぎるということも当然考えられます。
　ここで、勘違いをしないでいただきたいのですが、この本は数学の内容そのものを説明した本ではありません。この本はタイトル通り「大人のための数学勉強法」の本です。学生時代に数学が苦手だった大人の人がなぜ数学ができなかったのかを明らかにし、数学ができるようになるためにはどのように勉強すべきかを書いた本です。この本を読んで
　「ああ、これなら自分にもできそうな気がする」
と思ってもらったのならば、ぜひ、自分が学びたいレベルの数学の教科書や参考書をもう一度開いてみてください。そしてそのかたわらに本書を置いて、勉強の方法がわからなくなるたびに紐解いてみてほしいと思います。きっとお役に立てる「勉強のコツ」が見つかるはずです。
　また、「大人のための」とはなっていますが、今まさに数学と格闘（？）している高校生の皆さんにも本書は大変お薦めです。この本に書いてある

ことを実践してもらえれば、きっと数学が得意になります。大学受験で数学を武器にすることも夢ではありません。

　それから、本書の大きな特色の1つは第3部の「どんな問題にも通じる10のアプローチ」です。解法を暗記するのではなく、未知の問題に対してその場で自ら解法を導き出すために役立つ、伝家の宝刀的なアプローチを10個にまとめてあります。これらのアプローチを使えば、ほとんどの数学の問題に対処することができると思います。本書を読み終えた後はぜひ、自分でそのことを確かめてみてください。

　この本によって、数学が苦手だった人の数学コンプレックスが払拭されて、数学が楽しい、数学がわかる、と思ってくれる人が1人でも多くなることを願っています。

　さあ、もう数学に引け目を感じたり、躊躇したりする必要はありません。毛嫌いをしていては本当にもったいないです。あなたは今、数学ができるようになるその入口にすでに立っているのですから。

> 高校数学は平成24年度の高校1年生から新学習指導要領が適用になっていますが、本文中に出てくる、数ⅠA、数ⅡB、数ⅢCなどの科目名は、読者のみなさんに馴染みのある旧課程に基づいています。

第 **1** 部

数学はどのように勉強すべきか

 # 暗記はしない

勉強のコツ…それは「覚えない」こと

「数学の勉強のコツってなんですか？」
職業柄よくこの質問を受けます。そんなとき、私はいつも
「覚えないことです」
と答えています。
たいていの方は、私がこのように言うと狐につままれたような表情をされます。
でも、これには深いわけがあるのです。
何かを覚えようとするとき、人間の思考力は止まってしまいます。
「なぜだろう？」
「どうしてこれで解けるのだろう？」
「本当だろうか？」
と考えることを止めてしまうのです。
数学の勉強のやり方に悩む方の多くは、公式や解法を暗記することが数学の勉強だと思っています。不幸なことにそう思わされてきてしまったのです。しかし、公式や解法を覚えて、それを当てはめて問題を解くという行為は数学の本質からは程遠いものです。これを繰り返しているうちは決して数学はできるようになりません。

なぜ数学を学ぶのか

「なんで数学なんて勉強しなくちゃいけないのだろう？」
と疑問に思ったことはないでしょうか？

第 1 部　数学はどのように勉強すべきか

　確かに、一部の方を除けば三角関数も数列もベクトルも日常生活で必要になることはあまりありません。それにも関わらず、ほぼすべての先進国の義務教育のカリキュラムに数学は必須科目となっています。それはなぜでしょうか？

　私は、==数学を学ぶことは論理を学ぶこと==だと考えています。数学を通して
「物事の本質を見抜こう」
「目に見えない規則や性質をあぶり出そう」
という精神を養い、筋道を立てて物事を考えていく力を養うことこそ数学を学ぶ本当の目的だと思います。三角関数もベクトルも因数分解も、この論理力を養うための材料に過ぎません。
　そしてこの論理力は、定理や公式、解法の暗記では決して育てることができないのです。そればかりか、何でも暗記してしまおうと考えるクセはこの論理力の育成を大いに阻みます。
　数学を勉強することの意義を見失わないためにも、また数学の本質を理解するためにも「丸暗記」からは抜け出さなければなりません。

　ここで私の大好きなアインシュタインの言葉を引用します。
"教育とは学校で習ったすべてのことを忘れてしまった後に、自分の中に残るものをいう。そしてその力を社会が直面する諸問題の解決に役立たせるべく、自ら考え行動できる人間をつくることである。"

数学はつまらない？

　あなたは学生時代、数学の勉強を「楽しい！」と思っていたでしょうか？　おそらく（大変残念ながら）「つまらない」と感じていたのではないでしょうか？　あるいは苦痛にさえ思っていたかもしれません。それはなぜでしょう？
　思い出してみてください。試験前にどのように数学を勉強していました

か？　定理や公式や解法を暗記することからはじめていませんでしたか？
　そしてそれを当てはめて練習問題を解くことが数学の勉強だと思っていたのではないでしょうか？
　数学の試験とは基本的に、解いたことのない問題を解かされる試験です。もちろん教科書や問題集に出ていた問題の類題が出ることはあるでしょう。でもそれは定期テストなどで、学校の先生が数学の能力とは別に、その生徒の勤勉さを測るために出題しているに過ぎません。少なくとも大学の入試ではしばしば「新傾向」と称して見たことがないような問題が出されます。そんなとき、丸暗記した解法は何の役にも立ちません。
　加えて、無理やり覚えた定理や公式はその意味を失い、無味乾燥な数字と文字の羅列に成り下がっています。
　役にも立たず、意味もわからないものがつまらなくなるのは当たり前です。そして、つまらないと思っているものが上達することはあまりありません。

覚えないですませる方法を考える

　ではどうしたらよいのでしょう？
　しっかりと数学の力をつけることができて、やればやるほど数学の勉強が楽しくなるような、そんな夢のような勉強方法があるのでしょうか？
　あります。それがズバリ「覚えない」勉強法なのです。
　とは言え、これはもちろん「覚えない」ことそれ自体に意味があるのではありません。新しく習ったこと、勉強したことを理解するときに、できるだけ**覚えないですむ方法を**「**考える**」ことにその本質があります。
　新しく習ったことを覚えるのではなく理解するためには、まず
　「なぜだろう？」
と思うことが必要です。そして自分が納得できるように、その背後にある「物語」をつかみとらなければなりません。

　それでは誰もが知っている三角形の面積の公式を使って、「覚えない」

勉強の方法を探っていきましょう。
　三角形の面積を求める公式は

$$底辺 \times 高さ \div 2$$

ですね。しかし、なぜこの公式で三角形の面積が求まるのでしょうか？
　「そんなこと考えたこともない……」
　「小学校でそういう風に習った……」
　これが数学（算数）の間違った勉強法の入り口なのです。

「それは三角形を四角形の半分だと考えるからだ」
と答えられる人もいるでしょう。そういう人には重ねて伺います。
　なぜ四角形の面積が「底辺×高さ」なのでしょうか？
　この「なぜ」に答えるには面積を求めることとは何かを、その定義からしっかりと理解しなくてはなりません。

　面積を求めることは、「単位となる小さな正方形（たとえば１cm^{2}の正方形）がいくつ入るかを計算すること」です。
　下の図で１マスの縦、横を１cmとします。
　この長方形の横（底辺）の長さは８cmで縦（高さ）の長さは５cmです。

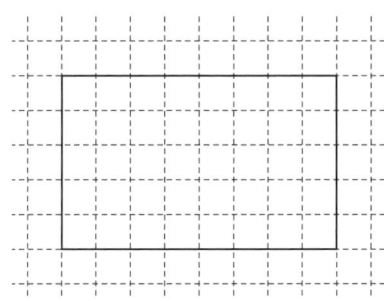

　この長方形の中には小さい正方形のマスが横に８個、縦に５個並んでいるので、この長方形に含まれる小さい正方形の個数は

$$8 \times 5 = 40 個$$

です。
　1個の小さい正方形の面積は 1 cm² なので、長方形の面積は 40cm² となります。
　これで、長方形の面積を求めるには
「底辺×高さ」を計算すればよいことがわかりました。
　では平行四辺形ではどうでしょうか？

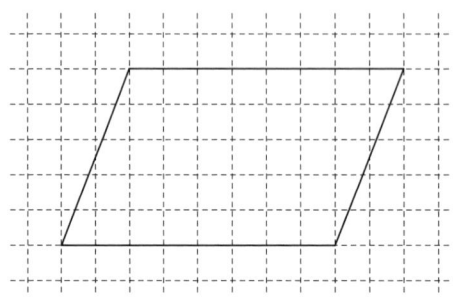

　このままでは平行四辺形に中途半端に含まれる正方形があって小さい正方形の個数を計算しづらいですね。そこで、次のように変形をします。

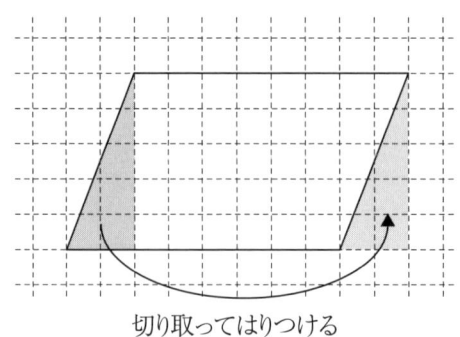

切り取ってはりつける

　こうすれば先ほどと同じように

底辺×高さ

で小さい正方形の個数、すなわち面積が求まります。

ではいよいよ三角形です。

下の図のような三角形について、三角形に含まれる正方形の数が三角形の面積です。

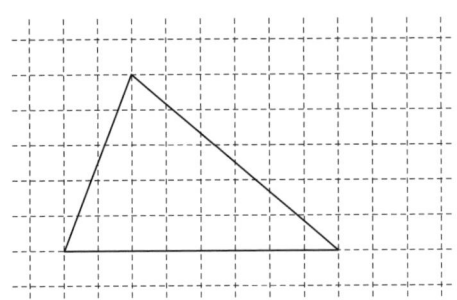

これもこのままでは平行四辺形のときと同じように、やはり中途半端に一部だけ含まれる正方形がたくさんあって計算しづらいですね。そこでこの三角形を逆さにしたものを下の図のようにくっつけます。

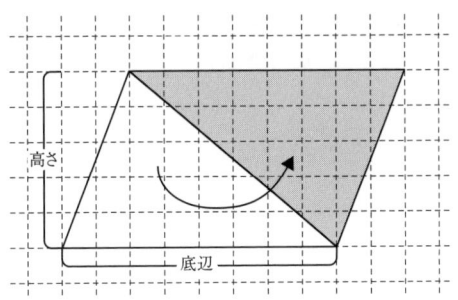

すると先ほどの平行四辺形と同じになりました。

この平行四辺形の面積は

$$底辺 × 高さ$$

で求まるのでしたね。ただし、ここでできた平行四辺形は最初の三角形の面積の２倍になっていますので、求める三角形の面積は

$$底辺 × 高さ ÷ 2$$

になるわけです。

　いかがでしたでしょうか？
　これが三角形の面積の公式の背後にある物語です。この物語を理解していれば、三角形の面積の公式も四角形の面積の公式も覚える必要はありません。もちろん台形の面積の公式が

$$（上底＋下底）× 高さ ÷ 2$$

であることもこの「物語」から容易に導けるでしょう。そればかりか、この考え方（小さい面積を積み重ねて全体の面積を求める）はやがて勉強する「積分」そのものを理解することに大いに役立ちます。

　定理や公式を覚えないですませるためには、定義から出発して物語を最初からきちんとわかる必要があります。それは深い理解につながるだけでなく、他の定理や公式との繋がりも明らかになりますので、網羅的な理解も実現させてくれます。
　そして、物語がきちんとわかることは知的好奇心を大いに満足させてくれますので、自然と
　「なるほどなあ」
　「面白いなあ」
と感じられるのではないでしょうか？　勉強が面白いと感じられるようになるのもこの「覚えない」勉強法の醍醐味だと私は考えています。定義をしっかりと理解したら、あとはいかに「覚えない」ですませるか。それを考えることが数学の勉強のコツなのです。

暗記の代わりにすべきこと

「なぜ?」を増やす

　できなかった生徒さんができるようになっていく過程で必ず通る段階があります。それは質問をするようになるという段階です。質問ができるということは「何がわからないか」がわかっているということです。じつはこれはとても大切なことです。

　学問の世界にサーベイ（survey）論文と呼ばれる論文があります。それはある研究分野の動向を著者の観点で整理・評価した論文です。その研究についてどこまで研究が進んでいるか、逆に言えば、どこから先がわかっていないかをわかりやすい形でまとめることは立派な論文になります。なぜなら何がわからないかがわかるということは、真実のすぐ隣まで来ている証拠だからです。

　「でもたいていは、ぼんやりとわからないんだよな～」
という人は多いと思います。そんな人が具体的に自分のわからないところをあぶり出すための取っておきの方法があります。それは「なぜ?」と自分に問いかけることです。

　たとえば小さいお子さんに
　「空はなぜ青いの？」
等と普段は当たり前に思っているようなことを聞かれて、
　「あれ？　なんでだろう？」
といろいろと改めて調べてみるうちに、

「あ〜そういうことなんだ」
と自分が納得する機会になったことってありませんか？
　同じことを自分自身の中で行なうのです。本に書いてあることや教師の言うことを鵜呑みにせずに、絶えず「なぜ？」と疑問を持つ癖をつけましょう。そして子供がしつこいくらいに「なぜ？」を繰り返すのと同じように、数学を勉強しているときは自分に対して「なぜ？」と問い続けることが肝心です。つまり、「なぜ？」が増えていく勉強法こそよい勉強法だということになります。
　「なぜ、ここに補助線を引くのだろう？」
　「なぜ、こんな風に式変形するのだろう？」
　「なぜ、こんな解き方を思いつくのだろう？」…etc.

今まで
　「そういう風に決まっているんだ」
　「きっと数学の天才が考えたのだろう」
　「とにかくやり方を覚えるしかないなあ」
と、考えることを止めてしまっていたところで、諦めずに「なぜ？」を繰り返していくのです。そうすれば、自分が本当にわからないことが明らかになるだけでなく、当然その答えが知りたくなるでしょう。答えを探して、ネットや本で調べたり、人に聞いたりしたくもなるはずです。結果として勉強が能動的になります。

勉強というのは能動的でなければなりません。雛が巣でエサを待つように、誰かが与えてくれるのを待つだけではだめなのです。自分の翼で自分がほしいものを探せるようになって初めて一人前です。知りたい、わかりたいと思ったことについて、自ら動きそして得たものは、身につきます。

> ちなみに空が青い理由は、太陽光に含まれる「赤・橙・黄・緑・青・藍・紫」の光のうち、青い光（波長の短い光）の方が空気によって散乱されやすく、その散らばった青い光が私たちの目に入るからです。

「意味付け」をする

私は生徒さんとよく次のような話をします。
「鎌倉幕府の成立は何年かわかりますか？」
「はい！ 『いい国つくろう鎌倉幕府』で1192年ですよね！」
「そうですね。では、江戸幕府の成立は何年かわかりますか？」
「えっと……何年でしたっけ？？？」

> 2006年頃から、鎌倉幕府の成立は源頼朝が征夷大将軍に就いた1192年ではなく、壇ノ浦の戦いで勝利した頼朝が全国への守護・地頭の設置を朝廷に認めさせた1185年だという説が主流になり、現在ではほとんどの教科書で鎌倉幕府の成立は1185年ということになっているそうです。語呂合わせも「いいはこ作ろう鎌倉幕府」に変更されています。

　ここで注目したいのは、生徒さんの多くがなぜ鎌倉幕府成立の年号を覚えているか、ということです。江戸幕府の成立は鎌倉幕府に負けず劣らず、いやむしろ鎌倉幕府よりも重要な出来事と言っても過言ではありません。それにも関わらず、多くの生徒さんがこのような状態です。

　それは、やはり「いい国つくろう」というこの語呂合わせのおかげです。この語呂合わせは無理矢理の語呂合わせとは違い、短いフレーズの中にそれまでの政治を一変してよい国を作るのだ、という「思い」までもが見え隠れします。そこに短いながらも理解できる「意味」が存在して、背景のストーリーや当時の映像までも見えるような本当に秀逸な語呂合わせなのです。ちなみに江戸幕府の成立は1603年で、「人群れ騒ぐ」などの語呂合わせがあるようですが、「いい国つくろう」ほど印象には残らず、また浸透もしていません。

　それから、ここが大事なのですが、この「鎌倉幕府成立：1192年」は忘れたくても忘れられそうにない感じがしませんか？　それは、日本人なら誰もが桃太郎の話を忘れたくても忘れられないのと同じではないでしょうか？　ここに勉強の大きなヒントが隠されています。意味のあるもの、物語がつかめたものは忘れないのです。

また、新しいことを学んだら、それが既知のこととどのように繋がるかを考えることはとても大切です。頭の中で他と関連付けられたことは、記憶の網から抜け出ることはありません。しかし他から孤立したものは忘却の海の中に藻屑となって消えてしまうでしょう。ある知識を一本釣りで頭から引き出すことは容易ではありませんが、他の知識と繋がっていれば、比較的簡単に思い出すことができます。

　一本釣りでないと引き出せないような知識を増やすのではなく、地引網を手繰り寄せれば、他のものと一緒に引き出せるような知識が増える勉強をすることが肝心です。

　しかも他の知識とも繋がるような「よい」意味がついた知識は、やがて知恵へと昇華していく可能性をも秘めています（知識と知恵の区別については次項で詳しくお話しします）。

　例として1次関数のグラフを考えてみたいと思います。覚えていますか？　忘れてしまった人のために、簡単におさらいしておきましょう。

【1次関数】
yがxの1次関数であるとき、yは
$$y = ax + b$$
と表されて、グラフは直線になります。
このときaは傾き、bはy軸切片をそれぞれ表します。

　おそらく、このままではグラフが直線になることも、aが傾きを表すことも単なる知識にすぎません。しかも他から孤立しているので、少し経てば確実に忘れてしまうでしょう。

　そうならないためにこれに意味を付けていきます。まずはそもそも「傾き」とは何を表しているのか？　……という所からスタートしましょう。

　傾きの表し方にはいろいろありますが、ここでは傾きを以下のように定

義します。

$$傾き = \frac{たて}{よこ}$$

たとえば、以下の直角三角形の「傾き」は$\frac{3}{4}$になります。

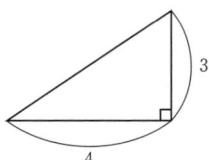

これを1次関数のグラフにあてはめてみましょう。

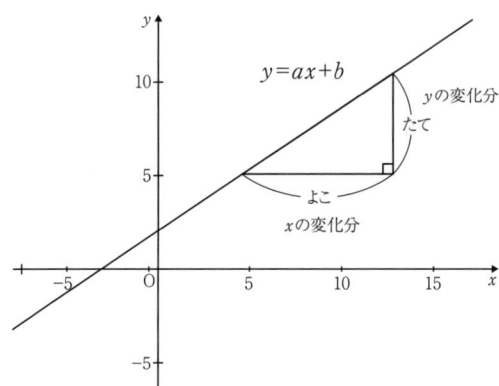

ここでは、「よこ」はxの変化分、「たて」はyの変化分になっていますね。つまり、グラフにおいては

$$傾き = \frac{yの変化分}{xの変化分}$$

という風に考えることができるわけです。
　では、ここでxがpからqに変化したときのことを考えてみましょう。
$$y = ax + b$$
ですから、
$x = p$のとき、$y = ap + b$
$x = q$のとき、$y = aq + b$
となります。ここで傾きを定義に沿って求めてみると

$$
\begin{aligned}
傾き &= \frac{y の変化分}{x の変化分} = \frac{(aq+b)-(ap+b)}{q-p} \\
&= \frac{aq+b-ap-b}{q-p} \\
&= \frac{aq-ap}{q-p} \\
&= \frac{a(q-p)}{q-p} \\
&= a
\end{aligned}
$$

となり、確かにaは傾きを表していることがわかります。
　また、傾きがaという定数（xの値に無関係）になるということは、グラフが直線であることも示唆しています。

　しかもこの話はこれで終りではありません。じつはこの

$$傾き = \frac{y の変化分}{x の変化分}$$

という考え方は1次関数に限らず、どんな関数に対しても使うことができます。ただし、1次関数以外に使うときには普通これを「平均変化率」という風に呼びます。そして、この平均変化率において、xの変化分を限りなくゼロに近づけたものこそ、ニュートンとライプニッツが考えだした微分係数です。

いかがでしょうか？　最初は単なる知識でしかなかったものに随分と豊かな意味がついたと思いませんか？　1次関数のグラフは中学数学ですが、ここでは微分にまで繋がる意味をつけることに成功しています！（威張っているわけではありません……）

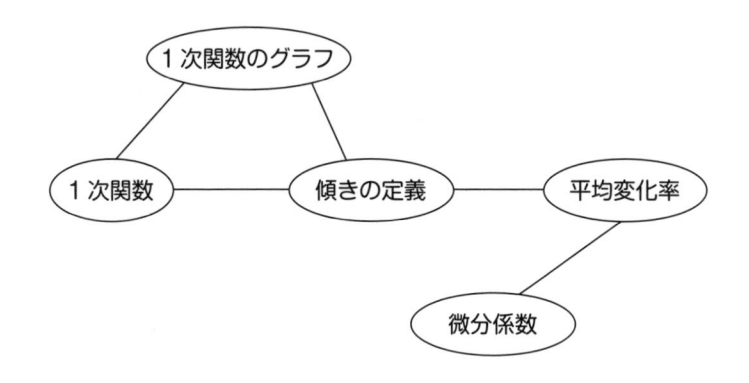

```
        ┌─ 1次関数のグラフ ─┐
        │                    │
     1次関数 ── 傾きの定義 ── 平均変化率
                    │              │
                    └── 微分係数 ──┘
```

　数学にはたくさんの定理・公式、解法がありますが、そのそれぞれを個別に知識として蓄えても、結局はほとんど役に立たないことはこれまでも述べてきた通りです。1つ1つの定理・公式・解法にしっかりと意味を付けていくこと。そしてできれば他の定理や解法と結びつけられないかと考えること……これらは知識を忘れないものにするだけではなく、本質をつかみとるきっかけにもなるのです。

「知識」ではなく「知恵」を増やす

　ここで19世紀後半に行なわれた心理学者エビングハウスの忘却実験をご紹介します。エビングハウスは被験者に学習経験に影響され難い"jor, nuk, lad"などの無意味な綴りを記憶させて、時間経過によってどのくらいの記憶内容が失われるのかを計測しました。
　それによりますと20分後には42％、1時間後には56％、1日後には74％、1週間後には77％、1ヶ月後には79％を忘却してしまうことがわかったそ

うです。このことからも、意味もわからず公式や定理を丸暗記することが、どれだけ虚しいことかがおわかりいただけると思います。

　知識と知恵という言葉があります。この２つの言葉は似ているようですが、じつはまるで違います。簡単に言ってしまえば、**知識は忘れていくものであり、知恵は忘れないもの**です。
　よく「おばあちゃんの知恵」なんて言いますね。「茶シブは、スポンジに塩をつけて磨くとよくとれる」とか「畳は酢で掃除するといい」とかいうあの生活の「知恵」です。これらの知恵が「知識」ではないのはなぜでしょうか？　おばあちゃんがこれらの知恵を忘れたくても忘れられない理由……それは、そこに体験と感動があるからです。きっとおばあちゃんも最初は誰かに「茶シブはスポンジに塩をつけて磨くといいよ」と聞いたのだと思います（この段階ではそれは知識に過ぎません）。そしてその後に実際に自分でもやってみたはずなんです。だからこそ「あ、確かに綺麗になるなあ」と感動した体験があって、それが知識を知恵に昇華させているのです。

　数学において定理や公式は知識です。では知識としての定理や公式を知恵に昇華させる方法とは何か？　……それが**証明**です。証明をすることは先人たちがその定理や公式を発見したときの驚きや感動を追体験することになります。自らの手で証明をすることで
　「ああ凄いなあ。本当なんだなあ」
と感動し、その体験が知識を知恵に変えてくれるのです。
　知識は人から聞いただけでは、単なる知識です。でも証明を通してその正しさを体験できたなら、もはやそれは知識ではなく、知恵になっているはずです。だからこそ私は生徒の耳にタコができるほど、
　「証明をしなさい」
ということを繰り返し説いています。
　証明についてより詳しいことは次節でお話します。

定理や公式の証明をする

　最初に、偉人・著名人の言葉をいくつか紹介したいと思います。

　"ある真実を教えることよりも、真実を見出すにはどうしなければならないかを教えることの方が重要である。"（哲学者・教育思想家　ルソー）

　"旅行は好きだが、着くのが嫌いだ。"（物理学者　アインシュタイン）

　"コロンブスが幸福であったのは、彼がアメリカを発見したときではなく、それを発見しつつあったときである。幸福とは絶え間なき永遠の探求にあるのであって、断じて発見にあるのではない。"（小説家　ドストエフスキー）

　"普通は頂上が目的で、登山が手段だと考える。けれど、それはおそらく逆なのだ。"（楽天会長兼社長　三木谷浩史）

　これらの言葉は皆、同じことを言っています。それは、本質は結果ではなくプロセスにある、ということです。
　たとえば、ピラミッド。私たちがピラミッドを見て、畏怖の念にも近い感動を覚えるのは、なぜでしょうか？　ピラミッドがとても大きいからでしょうか？　私は違うと思います。現代ではピラミッドよりも大きな建造物を見ることは珍しくありません。言うまでもなく私たちはそれが造られたのが今から何千年も前だということに対して驚きます。もっと言えばその時代にあのような巨大な建造物を造ることができたその石の積み上げ方（技術）に神秘を思い感動するのです。ピラミッドの本当の価値はその石

の積み上げ方にこそあるのではないでしょうか。

　数学の定理や公式についてもまさに同じことが言えます。それらがもたらす結果はもちろん美しいものです。そして便利なものです。しかし定理や公式の本質はその美しさや便利さよりも、それらがどのようにして導き出されたのかという、その証明の過程にこそあるのです。

定理や公式は"人類の叡智の結晶"

　数学の歴史はとても古いです。たとえば紀元前7万年頃に描かれたという絵の中にも幾何学模様を見ることができますし、紀元前3万年頃の遺物の中に時間を表現しようとした形跡が見られます。私たちに馴染みの深い算術や幾何学に限ったとしても、少なくとも5000年以上の歴史があります。

　それに対して、小中高の教育は12年間です。この12年間のカリキュラムの中には、5000年以上の数学の歴史の中で最も重要でかつ最もエレガントな定理や公式がつまっています。各時代、各時代で世界中で最も数学ができた人間たちの叡智の結晶が、小中高で習う数学の定理や公式にはつまっていると言っても過言でありません。そして繰り返しますが、その叡智の本質は定理や公式の結果にではなくそれが導かれたプロセスにあります。

証明には感動がある

　モーツァルトが書いた音楽、ピカソが描いた絵に心動かされるように、数学の定理や公式にも感動があります。しかし、その感動は結果だけを眺めていても、あるいはその結果を「あてはめて」問題を解いてみても、決して得ることはできません。その感動は証明に触れ、先人たちの偉業に触れることで初めて得られるものです。

　「おお、凄いな」
　「ああ、賢いなあ」

と思えるものが証明のプロセスにはあります。そしてその感動が数学へのさらなる興味を呼び覚まし、数学の面白さに気づくきっかけになります。残念ながら学校のカリキュラムの中では、宿題やテストに追われて1つ1つをゆっくり味わう時間はなかなか持てません。しかも今の日本の教育の現場は

「さあ、これが2次方程式の解の公式だ。しっかりと覚えるように」
などと言って憚らない先生が少なくないという残念な状況にもあります。そのせいでたくさんの数学嫌いが生まれてしまったのは本当に哀しいことです。だからこそ今、もう一度数学と向き合い、昔覚えさせられた定理や公式の証明に存在する感動を味わうことで、1人でも多くの方が、数学って面白い、数学が好きになった、と言ってくれることを切に願っています。

証明を通して育てる「数学の力」

　数学の力が論理の力だとするなら論理の力はどうしたら身につくのでしょうか？　そもそも、論理とは何でしょうか？　先ほど、ピラミッドの例を出しましたが、論理力とはまさに石を1つ1つ積み上げるかのごとく、物事を考えることができる力です。

　と言っても、石を積み上げようとするとき、闇雲に積み上げたのでは、それはすぐに倒れてしまいます。次なる石をどこに積み上げるべきかは学ぶ必要があります。そこでその論理の積み上げ方を、先人たちが遺してくれた証明に学ぶのです。過去の数学の天才たちが発見した定理や公式の証明を学ぶことは、その天才たちに数学を習うようなものです。目の付け所、式変形の工夫、補助線の引き方など学ぶべきところはたくさんあります。私たちにとって、この天才たち以上の先生はいません。

　何度も書いてきましたが、個々の問題の解法をただ覚えることは数学の力を育てる上でほとんど何の役にも立ちません。定理や公式の結果を丸暗記することはもっと無意味です。しかし、もし数学においてただ1つ覚える価値のあるものがあるとしたら、それは定理や公式の証明の方法で

す。

　よく言われることですが、どんな独創的な創造も最初は模倣から始まります。天才モーツァルトにもハイドンという先生がいました。そして、真似るのならば最高のものを真似なければ意味がありません。だからこそ定理や公式の証明を学ぶのです。

　天才たちがどのように式を変形したか、どのように論理を組み立てていったのか、を白紙から完璧に再現できるように、何度も何度も証明に取り組みましょう。そうしているうちに、彼らの論理の積み上げ方が自分のものになったように感じるときがきっときます。そしてそのとき、あなたは本当の数学の力を身につけるのです。

三平方の定理の証明

　具体例として、まずは有名な三平方の定理（ピタゴラスの定理）を取り上げましょう。そもそも、三平方の定理とはどんな定理だったでしょうか？

【三平方の定理（ピタゴラスの定理）】

左の図のような直角三角形ABCにおいて、

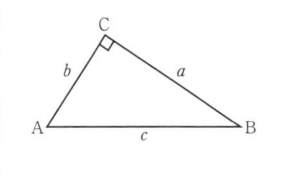

$$a^2 + b^2 = c^2$$

が成り立つ。すなわち、

斜辺以外の2辺の2乗の和＝斜辺の2乗

になる。

　というものでした。覚えていましたか？　でもここではこれを覚えていたかどうかはどうでもよいことです。大切なのはこの定理の証明から何を感じ取り、何を学び取れるかです。

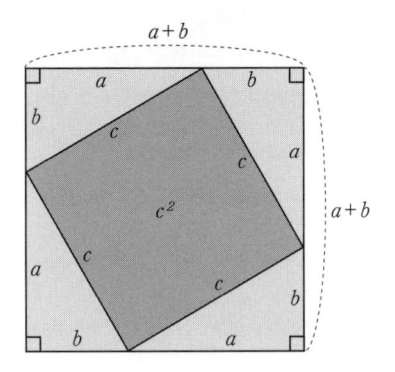

上の図のように直角三角形を4つ並べると、全体としては1辺の長さが$(a+b)$の大きな正方形ができて、真ん中には1辺の長さがcの小さな正方形ができますね。ここで面積に注目してみると、

大きな正方形＝小さな正方形＋直角三角形の面積×4　…☆

になっていることがわかると思います。

それぞれの面積を文字で表してみますね。
大きな正方形の面積：$(a+b)^2$
小さな正方形の面積：c^2
直角三角形の面積：$a \times b \div 2 = \dfrac{ab}{2}$

それぞれを☆の式に代入してみると

$$(a+b)^2 = c^2 + \dfrac{ab}{2} \times 4$$
$$= c^2 + 2ab$$

となります。ここで左辺の$(a+b)^2$を展開してみましょう。

$$(a+b)^2 = a^2 + 2ab + b^2$$

> この乗法公式が出て来なかった人は、
> $(a+b)(a+b) = a^2 + ab + ab + b^2$
> の計算を実際に行なって確認してくださいね。

以上より

$$a^2 + 2ab + b^2 = c^2 + 2ab$$

よって、

$$a^2 + b^2 = c^2$$

です！＼(^o^)／　これで三平方の定理が証明できました。

　どうですか？　気持ちよくないですか？　今まで単なる知識でしかなかった三平方の定理がぐっと意味あるものに感じられませんか？　と同時に最初の図形の巧さにも感心しますし、思いがけないところで乗法公式の復習にもなりました。
　何より、辺の長さに関する定理が、面積によって証明されるところに、この証明の鮮やかさがあると私は思います。三平方の定理の式には２乗の項が３つあるわけですが、２乗というのは同じ数の積（掛け算）ですね。つまり掛け算は面積として捉えることができる、ということを、この証明は教えてくれているのです。

　じつは三平方の定理には100通り以上の証明の方法があると言われています。

> 【三平方の定理の証明を紹介するサイト】
> Pythagorean Theorem
> http://www.cut-the-knot.org/pythagoras/

　中には「よく考えたな〜」と感心する証明がたくさんあるので、他の証

明も紹介したい衝動に駆られますが、ここでは三平方の定理そのものよりも、証明を学ぶことで、それまで無味乾燥な知識でしかなかったものが、鮮やかで感動すら覚える知恵へと昇華していくことを知ってもらうことが目的ですので、先を急ぎたいと思います。

2次方程式の解の公式の証明

次に、多くの人が学生時代に暗記はしたものの証明ができない代表格である2次方程式の解の公式の証明に取り組んでみましょう。確認ですが2次方程式の解の公式とは

【2次方程式の解の公式】

$$ax^2 + bx + c = 0 のとき$$

$$x = \frac{-b \pm \sqrt{b^2 - 4ac}}{2a}$$

というものでしたね。（あ、覚えていなくても全然問題ありません！）

この公式を証明するためには、そもそも2次方程式を解くとはどういうことかを考える必要があります。そこで最も単純な部類の2次方程式を考えてみましょう。それは

$$x^2 = p$$

の形をしたものです。これならば解の公式など使わなくとも、

$$x = \pm\sqrt{p}$$

と解くことができます。……ということは、$ax^2+bx+c=0$ を

$$(\quad\quad)^2 = P$$

の形に変形することができれば、

$$(\quad) = \pm\sqrt{P}$$

と解くことができるはずです。果たしてそんなことができるでしょうか？
　ここでこの変形をするための大変重要なテクニックを紹介します。それは「平方完成」というものです。

【平方完成】
2次式 $ax^2 + bx + c$ を

$$ax^2 + bx + c = a(x+p)^2 + q$$

のように変形することを平方完成という。
（ちなみに「平方」とは「2乗」という意味です。）

平方完成は決して簡単な式変形ではないので、よく読んでくださいね。
まず「平方完成の素(もと)」（と私が勝手に名付けてます）を学びます。

$$(x+m)^2 = x^2 + 2mx + m^2$$

で m^2 を移項して得られる次の式が「平方完成の素」です。

【平方完成の素】
$$x^2 + 2mx = (x+m)^2 - m^2$$

（2mx の「半分」を2乗）

例)

$$x^2 + 8x = (x+4)^2 - 4^2$$

$$x^2 + 5x = \left(x + \frac{5}{2}\right)^2 - \left(\frac{5}{2}\right)^2$$

第 1 部　数学はどのように勉強すべきか

では、この「平方完成の素」を使ってax^2+bx+cを平方完成していきます。

【平方完成】

$ax^2 + bx + c = a\left(x^2 + \dfrac{b}{a}x\right) + c$ ←最初の2項を無理矢理aでくくる

$= a\left\{\left(x + \dfrac{b}{2a}\right)^2 - \left(\dfrac{b}{2a}\right)^2\right\} + c$ ←グレーの部分に「平方完成の素」を適用

$= a\left\{\left(x + \dfrac{b}{2a}\right)^2 - \left(\dfrac{b^2}{4a^2}\right)\right\} + c$

$= a\left(x + \dfrac{b}{2a}\right)^2 - a\dfrac{b^2}{4a^2} + c$ ←{ }を外す

$= a\left(x + \dfrac{b}{2a}\right)^2 - \dfrac{b^2}{4a} + c$

$= a\left(x + \dfrac{b}{2a}\right)^2 - \dfrac{b^2 - 4ac}{4a}$ ←後半を通分

これで平方完成ができました！

　難しいなあと思った人が多いと思います。繰り返しますがこの変形は決して簡単な変形ではないので、誰でも最初は戸惑います（私もそうでした）。この変形はとにかく慣れることが肝心です。

　できれば白い紙に何度か実際にこれを書いてみてください。そうすればこれは単なるテクニックですから、必ずできるようになります。

　とにかく、平方完成によって

$x^2 + \dfrac{b}{a}x$ がなんで $\left(x + \dfrac{b}{2a}\right)^2 - \left(\dfrac{b}{2a}\right)^2$ になるの？

前ページの例にあてはめて考えれば、$x^2 + 5x$ の ↑ココが $\dfrac{b}{a}$ に置きかわっただけの形だよ！

$$ax^2 + bx + c = a\left(x + \frac{b}{2a}\right)^2 - \frac{b^2 - 4ac}{4a}$$

になることがわかりました。……ということは、$ax^2 + bx + c = 0$ のとき

$$a\left(x + \frac{b}{2a}\right)^2 - \frac{b^2 - 4ac}{4a} = 0$$

です。$\frac{b^2 - 4ac}{4a}$ を右辺に移項すると

$$a\left(x + \frac{b}{2a}\right)^2 = \frac{b^2 - 4ac}{4a}$$

です。両辺を a で割って

$$\left(x + \frac{b}{2a}\right)^2 = \frac{b^2 - 4ac}{4a^2} \quad \cdots\cdots ☆$$

さあ、これでやっと当初の目標である

$$(\quad)^2 = P$$

の形になりました！ 仕上げに入ります。☆の式から

$$x + \frac{b}{2a} = \pm\sqrt{\frac{b^2 - 4ac}{4a^2}}$$

$$= \pm\frac{\sqrt{b^2 - 4ac}}{2a}$$

$\frac{b}{2a}$ を右辺に移項して

$$x = -\frac{b}{2a} \pm \frac{\sqrt{b^2 - 4ac}}{2a}$$

$$\therefore \quad x = \frac{-b \pm \sqrt{b^2 - 4ac}}{2a}$$

はい、以上で2次方程式の解の公式が証明できました！

いかがでしたでしょうか？　少し長い道のりでしたが、この証明にとりくむことで、まずは重要な平方完成というテクニックを確認することができました。そして、そもそも2次方程式を解くとはどういうことかを考えるきっかけになり、そこから自分が望む形「$(\quad)^2 = P$」を思い浮かべ、目標に向かって無理矢理にでも式変形していくという、数学的に大変有意義な経験を積むこともできました。

ひらめきの理由を明らかにする

定理や公式に向き合ったとき、先人たちが遺してくれた証明の中に「ひらめき」を感じることがあったとしましょう。でも、そこで「あ〜、やっぱり自分にはこんなことは思いつきそうもないや」と諦めてしまってはいけません。前述の通り、まずは真似ることから始めてみてください。

そして、次にどうして先人たちがそういう風に考えることができたのかをよく考えてみてください。必ず理由があるはずです。たとえば、先ほどの三平方の定理の証明では、2乗の項（積）を面積だと考えることにその発想の源がありました。**「ひらめき」に感じられるような鮮やかな発想の理由を明らかにすることこそ、定理や公式の証明を学ぶ最大の目的**です。その理由の中に数学的な考え方の本質があります。たくさんある定理や公式の証明や解法の多くにその本質的な考え方、アプローチの仕方が潜んでいるのです。

と言ってもそれらを自分の手で探し出すことは簡単なことではありません。そこで、この本ではそれらを10個にまとめて、第3部で具体的に紹介していきます。

「聞く→考える→教える」の3ステップ

「何か質問ありますか？」

と、私は授業の最初に必ず言います。どの生徒さんに対しても、どんなときでも毎回同じです。前回の授業の復習や宿題、または学校の授業、日々の生活などで疑問に思ったことはないかを必ず聞きます。そして、生徒さんが

「あります」

と言ってくれると途端にアドレナリンが出てやや興奮します（笑）。

なぜなら、前述（「なぜ？」を増やす）しました通り、わからない所がわかること、そしてそれを言葉にできることは、生徒さんが本当の理解、実力アップのすぐ近くまで来ている証拠だからです。

反対に

「ありません」

と言われると、少しがっかりします。もちろん授業ではいつもできる限り丁寧に教えているつもりではありますが、復習や宿題に取り組む際に本当の意味でしっかりと理解をしようとしたら、そんなに簡単に「わかる」はずはないからです。

そもそも、こういう生徒さんの場合はたいてい、「わかる」ということの意味を勘違いしています。

「わかる」とはどういうことか

「わかる」とは話の辻褄が合うことの確認や公式を当てはめて問題が解

けることではありません。新しい概念が「わかる」ことはとても大変なことです。軽々しく「わかる」と言ってはいけないのです。

では、「わかる」とはどういうことでしょうか？　ここでもアインシュタインの言葉を引用させてもらいます。

"あなたの祖母に説明できない限り、本当に理解したとは言えない。"

自分が本当にわかったことは、自分の言葉で言い換えることができます。そのことを知らない人に対して、相手の理解レベルに合わせて言葉を選び、わかりやすく説明することができるはずです。反対に、説明しようとしても、本や他人の言葉を繰り返すことしかできないときは、理解が不十分だと言えるでしょう。

距離÷時間＝速さ

となることを、おばあちゃんに説明することができなければ、速さについてちゃんと理解したとは言えません。
「わかる」とはそれを知らない人に対してわかりやすく説明できることなのです。

学習の3ステップ

孔子は『論語』の中でこのように言っています。

"黙してこれを識し、学びて厭わず、人を教えて倦まず。"
（黙って聞いて物事を知る。勉強に飽きることがない。人に教えて嫌になることもない。）

ここで言っているのは「聞く→考える→教える」が学びの基本姿勢だということです。

・第1ステップ：聞く
　ある人から新しい概念を教えてもらうときは、まず先入観を捨てて、知ったかぶりもせず、まっさらな気持ちで黙ってその人の話を聞きます……と書くのは簡単ですが、じつはこれは結構難しいことです。
　コロンブスの卵の話を例に取ってみましょう。

> 【コロンブスの卵】
> コロンブスがアメリカ大陸を発見した功績を祝う晩餐会で、ある男が「西へ西へと航海して陸地に出会っただけではないか」と皮肉を言った。これに対してコロンブスが卵を取り上げ、「この卵をテーブルの上に立てられる人はいますか？」と客人たちに聞いたところ、誰も卵を立てられる者はいなかった。次にコロンブスは卵のおしりを食卓でコツンと割って卵を立ててみせた。そして皮肉を言った男に言った。「人がした後では何事も簡単なのです」

　どうやらこの話は実話ではなく作り話だということですが、それはさて置き、私はこの話から「難しさがわかる」ことの大切さを感じます。教科書の解説や問題集に載っている解答を読むと、「なるほど」と思うことでしょう。過去の偉人が発見した美しい定理や公式に対して、「確かにね」と思うでしょう。
　しかし、大切なのはそれを最初に発見することの難しさに思いを馳せることです。コロンブスの卵に対して、「そんなの誰にでもできるよ」と揶揄するだけでは、決してコロンブスに続くことはできません。まずはその発想の斬新さ、柔軟に考えることの難しさを深く味わう必要があります。「そんなの簡単」「そんなの知ってる」と知ったかぶりする心は学びの第一段階で大きな邪魔になります。

・第2ステップ：考える
　学びの第2ステップは自分1人になって、新しく学んだことを熟考することです。このとき、正しく考えることができていれば、前述（「なぜ？」を増やす）の通り、きっとたくさんの「なぜ？」が生まれると思います。
　繰り返しますが「なぜ？」が増えることを、恐れてはいけません。それはあなたが能動的に勉強できている証拠です。どうぞたくさん悩んでくだ

さい。その悩む時間こそがあなたの「脳力」を育てる貴重な時間です。

　当然ですが、考えること、悩むことは机の前でなくてもできます。というより私の経験上、机の前よりもお風呂の中、乗り物の中、寝る前のベッドの中などで考えているときほど「そうか！」という新しい発見が得られるものです。大切なのは「いつも考えている」ことです。そして結局何も新しい発見が得られなかったとしても、その考えていた時間は決して無駄になりません。私が保証します！

　わからないことについて、自分で調べることもとても大切です。本やネットなど使えるものはすべて使って徹底的に調べてください。あなたの欲しがっている答えを探してください。その過程できっといろいろな考え方に出会うことができるでしょう。もちろん答えを知っていそうな人に聞きに行ける環境ならば（そういう人が身近にいれば）どんどん質問しに行ってください。

　余談ですが、特に数学や物理の先生について、よい先生と悪い先生を見分ける簡単な方法を紹介します。

　あなたが疑問に思うことについて

「なぜ、こう考えるのですか？」

「どういう風に発想したらこんな解法が思いつくのですか？」等と質問をしたときに

「それはそういうものなんだ」

「こういう問題はこういう風に解くと決まっているんだ」

と言う先生は悪い先生です。数学や物理において生徒に丸暗記をさせようとする先生には二度と質問に行かない方がよいでしょう。百害あって一利なしです。本質がわかっている先生であれば、「それはね……」ときっとその理由を教えてくれるはずです。

・第3ステップ：教える

　最後に自分が学んだことを、それを知らない人に教えます。もちろんそれは教科書や参考書の記述を繰り返すだけではいけません。**自分の言葉で言い換えてください。**何かを自分の言葉を使って人に教えようとすると、

途中で必ず新たな気づきが得られます。この「教える」という最終段階に得られる気づきによって初めて、学びは成熟するのです。

　私は高校時代、孔子の言葉を知っていたわけではありませんが、教えるという行為がとても勉強になるのだということは、ほとんど無意識のうちに感じていました。そのため、親に頼んで小さい黒板とチョークを買ってもらい、自分の部屋（もちろん誰もいません）で「授業」をすることにしました。
　「さあ、今日はベクトル方程式についてやるぞお」
などと言いながら……。家の人はきっと
　「うちの子大丈夫かしら」
と心配だったことでしょう。（恥ずかしいです……）
　ともかく、これは本当に勉強になりました。「授業」は何も見ずに行なうと決めていましたので、該当箇所を完璧に理解するまで準備をするのですが、どんなに完璧に理解したつもりでも、いざ「授業」をしてみると、必ず
　「～であるから、こうなる……あれ？　なりませんねえ。ちょっと休憩！（←大分芝居がかってる……）」
なんてことになるのです。そういうときはノート、教科書、参考書をひっくり返してもう一度勉強をやり直します。そうすると、自分の理解が足りないところが見えてきます。こうして１つ１つのことについて理解を深めていきました。

　とは言え、わざわざ黒板やホワイトボードを買って家の人に心配されるのも恥ずかしいですよね？　かと言って、教えさせてくれる適当な人が周りにはいないかもしれません。そんなときのためのよい方法があります。それが「数学ノートを作る」という方法です。詳しくは次節でご紹介します。

自分の「数学ノート」を作る

ノートは未来の自分のために書く

　ノートを取るのは何のためでしょうか？　もちろんそれは、「私は話を聞いてますよ」というポーズのためではありません。人間の記憶というのはかなり曖昧なものですから、今、わかっていること、頭に入っていることでも、しばらくすれば忘れてしまうのが常です。だからこそノートを取ってしっかりと残しておく必要があります。

　しかし、特に学生の場合ですが、ノートは一応取るものの、後でそれを見返すということを念頭に置いていないような書き方をする生徒さんが少なくありません。実際そういう生徒さんは後でノートを見返すということをしません。つまり、授業内容のほとんどは記憶の海の藻屑となって消えてしまいます。そうなると、試験前になって慌てて教科書と問題集を開いてみても、ほとんど独学で勉強するようなものですから、成果が上がりづらいのは当たり前のことです。

　こういう生徒さんの場合にはまず、ノートは先生の満足のためではなく、未来の自分のために書くものだ、ということを教えます。未来の自分のためと思えば、それまで走り書きのように乱雑に書いていたノートも、わかりやすく、丁寧に書こうという気持ちになるものです。

取るノートから自分で作る「宝物」ノートへ

　……と、ここまではノートの備忘録としての役割です。記憶のメモとし

てのノートは見聞きしたことを「書き取る」ことが主たる目的になりますが、じつはノートを書くことには、備忘録よりもはるかに重要な役割があります。

　私が高校生のとき、駿台予備校の物理の先生で坂間勇先生という方がいらっしゃいました。いわゆる名物教師で、講習を受講するにも予約を取るのが大変というくらいの人気の先生でした。私も「坂間（呼び捨てにしてすいません）の物理は凄い」という噂を聞きつけ、ある年の夏期講習でやっとの思いで予約を取りました。しかし、期待に胸をふくらませて臨んだ講習初日、私はたまげました。大教室に300人以上がすし詰めになった私たちの前に、坂間先生はのっそりと入って来て、開口一番
「ノートをしまいなさい。私の授業ではノートをとることを禁止します」
とおっしゃったのです！　耳を疑いました。苦労して取った予約ですし、親にお金も出してもらっています。それなのにノートをしまえだなんて……。ざわつく私たちに先生は続けておっしゃいました。
「その代わり、私の言うことを一言漏らさず聞いていなさい。そして家に帰ってすぐそれをノートにまとめなさい」
　坂間先生というのはどこか仙人のような風貌をされていて、逆らうことは許されない雰囲気をお持ちだったので、私たちはみな、しぶしぶながらも先生の言葉に従いました。中にはこっそりノートを取ろうとする生徒もいましたが、そういう生徒はノートを没収されていました（そういうことがまだ許された時代でした）。そうなると、後はもうただただ、授業を聞くしかありません。ところが、この坂間先生の授業というのが、本当に刺激的なのです！　物理という学問が持つ意味や魅力を、自信にあふれた言葉で話し続けてくれました。坂間先生にかかると大学入試もただの通過点に過ぎないことがよくわかりました。とにかく目から鱗が落ち続ける授業だったので、授業の後はボクシングの映画を観た後のように、いつも興奮していました。そしてその興奮が冷めやらないうちに自宅に戻り、着替えもそこそこに机に向かって、夢中でノートを「作った」のをよく覚えています。耳の奥に残る先生の言葉、先生の話を聞いて自分が「ああそうか」

と気づいたことなどを必死に綴っていったのです。そしてそういうノートを作っているうちにちょっと欲も出てきます。

「教科書にはなんて書いてあるのだろう？」

と気になりだしたのです。細かい話になりますが、私が高校生のときも今も、文部科学省の指導要領では物理は微分積分を使わずに教えることになっています。そのため教科書や一般の参考書の説明は、近似を使った曖昧な説明や、感覚的な説明が多く、「事実」として暗記事項にされてしまっていることも少なくありません。しかし、坂間先生の授業は微分積分を使いまくる授業だったので（もちろんその方がずっと本質的なので、なぜ文科省が微積を使わないことにこだわっているかは甚だ疑問です）、教科書等の記述と自分が聞いてきた先生の話は、同じことを説明しているはずなのに、切り口が全然違いました。でもまったく異なる２つの説明を照合していると、それまで一面的にしか理解していなかった話がとても立体的に見えてくるようになります。私はそれが面白くて、教科書の説明もノートに書くようになりました。そしてこの作業によって自分の理解がぐっと深まっていくのを感じていました。

　この経験は、私にとって素晴らしい経験でした。新しい概念を受け取ったり、それに対して自分が何かしら理解したりすることは、とても貴重でかけがえのないことだという感覚が芽生えましたし、それは時間とともに消えてしまうという危機感も持てるようになりました。だからこそ今自分の頭の中にあることを形として残したい、という強い欲求が生まれたのです。そして、さらにそれに自分なりに調べたことを付記すれば、ノートは自分にとって宝物に思えるのでした。

ノートを作ると「教える」ことを経験できる

　前節で、学ぶということは「聞く→考える→教える」の３段階で成熟するのだというお話をしましたが、自分で上記のような「宝物」ノートを作ることは、第２ステップの「考える」はもちろん、今わかっていることを

できるだけ丁寧に、わかりやすく未来の自分に教えてあげるという第3ステップをも経験することができる、とても魅力的な勉強法なのです。

　それがわかってからというもの、私は物理に限らず、他の教科についても「宝物」ノートを作るようになりました。さすがに学校でノートを取らずにいると「何をぼーっとしているんだ！」と怒られそうなのでとりあえずノートは取っていましたが（いや、取らないことも多かったかな？）、家に帰って授業の内容と新たに自分で調べてわかったこと、また疑問に思ったけれどすぐには解決できないことなどを、見やすく（字は汚かったですが）まとめるようになりました。これが本当に勉強になりました。

　しかも、この行為は自分でノートを「作る」という能動的な勉強なので、とても楽しかったのをよく覚えています。前にも書きましたが、私はさらに架空の生徒に対して、自室で「授業」をしていましたので、このノートはその「授業ノート」としても活躍しました。

「宝物」ノートの作り方

　「宝物」ノートは大きく［定理・公式編］と［問題編］に分かれます。ただし、2冊のノートに分ける必要はありません。1冊のノートに適宜どちらかをまとめていきます。それでは具体的にその作り方をみていきましょう。

［定理・公式編］
① 新しく学んだ定理や公式を書く
② 証明を書く
　証明は教科書等に載っているものを丸写しするのではなく、計算用紙に何度も取り組んだ後に、自分1人で白紙から再現できるようになってから（できれば何も見ずに）清書するつもりで丁寧に書きましょう。
③ 別の証明を書く
　他の本を調べたり、自分で考えたりして、②とは違う証明が書ければなおよいでしょう。

◎ 宝物ノートの見本「定理・公式 編」　　ほほ〜

新しく学んだ定理や公式を書く

2次方程式の解と係数の関係

☆ $ax^2 + bx + c = 0$ の解を α, β とすると

$\alpha + \beta = -\dfrac{b}{a}$ 　　$\alpha\beta = \dfrac{c}{a}$ 　となる

証明を書く

解の公式より　$\alpha = \dfrac{-b + \sqrt{b^2 - 4ac}}{2a}$

$\beta = \dfrac{-b - \sqrt{b^2 - 4ac}}{2a}$

　　　　　⋮

別の証明を書く

解が α, β なので

$ax^2 + bx + c = a(x - \alpha)(x - \beta)$

と因数分解でき〜…うんぬんかんぬん

わかったことを書く

Point!!

$\alpha + \beta$, $\alpha\beta$ は α と β の対称式！

つまり〜…

この時、ノートは必ず自分の言葉で書くこと！

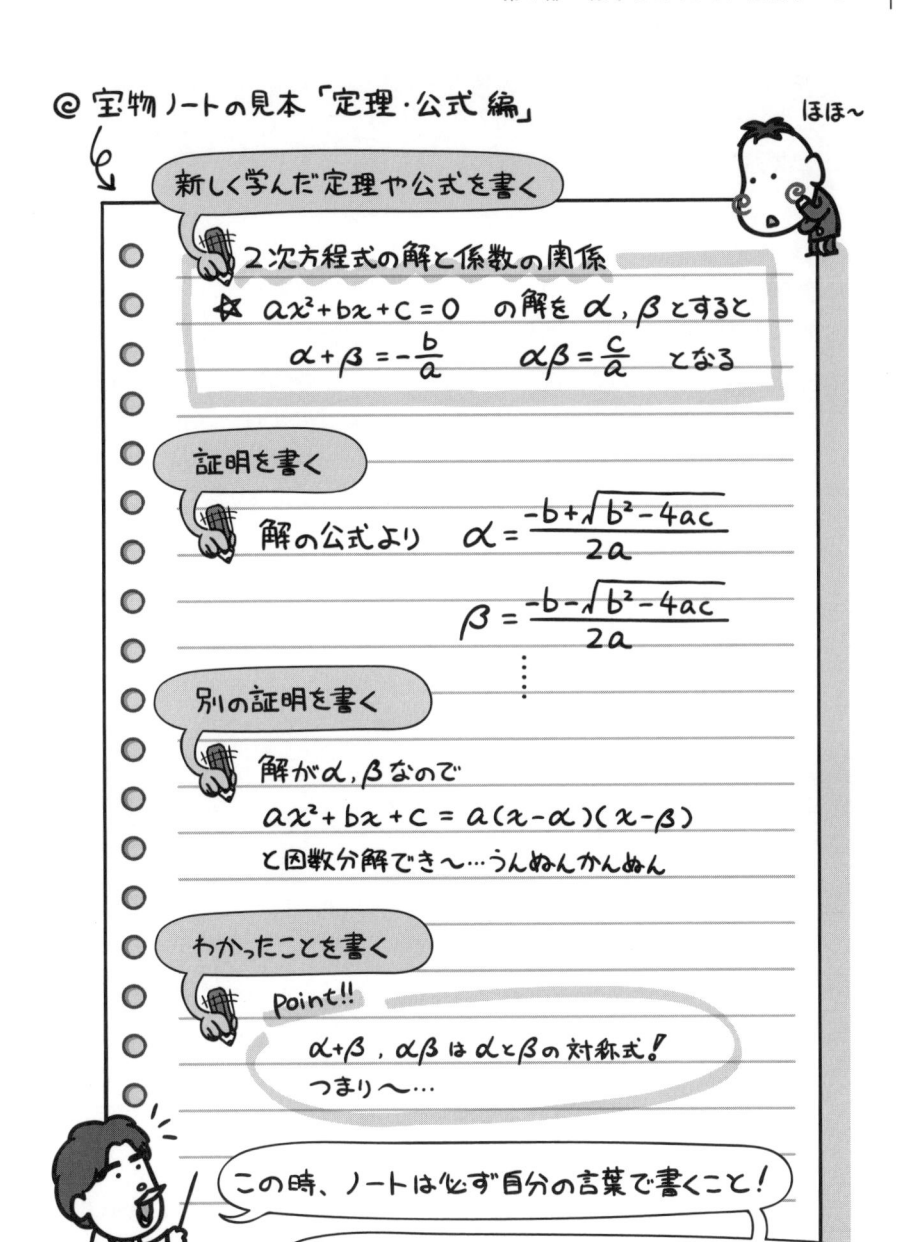

教科書などを丸写しすると意味がないのです

④ 証明を通してわかったことを書く
　　証明に使った発想や論理の積み上げ方のうち、目新しいものや逆に他と共通していることなど、気づいたことを書きます。

[問題編]
① 問題を写す
　　自分が取り組んだすべての問題をこの「宝物」ノートに書く必要はありません。「あ、この問題は有意義だな」「この解法から学ぶことが多いな」と思った問題だけでよいです。そういう問題は問題文をしっかりと写しておきます。問題文をそっくりそのまま写すのは、1つには後で見返すときにこのノートだけで完結するようにするため。そしてもう1つは、問題文をよく読む、という習慣をつけるためでもあります。
② 解答を書く
　　答えを丸写しするのではなく、これも［定理・公式編］と同じく、何も見ずに解けるようになってから「清書」していきます。
③ 別解を書く
　　問題を解けたときはいつも別解がないか、を考えてみてください。そして見つかった別解は同じくノートに書いておきましょう。
④ 解法のもとになっている考え方・アプローチの仕方を書いておく
　　いわゆる解法の類はたくさんあります。高校だけに絞ってもおよそ700ほどの典型的な解法があります。しかし、それらに使われている考え方、アプローチの仕方はそんなに多いわけではありません。本書ではそれらを10個にまとめて第3部でご紹介しますが、実際にいろいろな問題にあたりながら、「あ、この考え方はあの問題でも使ったな」と思う考え方をノートにまとめていきましょう。さまざまな解法に共通して使える考え方はすなわち本質的な考え方であり、それらをつかむことで、数学の力は飛躍的に伸びていきます。（問題集の使い方については第2部で詳しく書きます。）

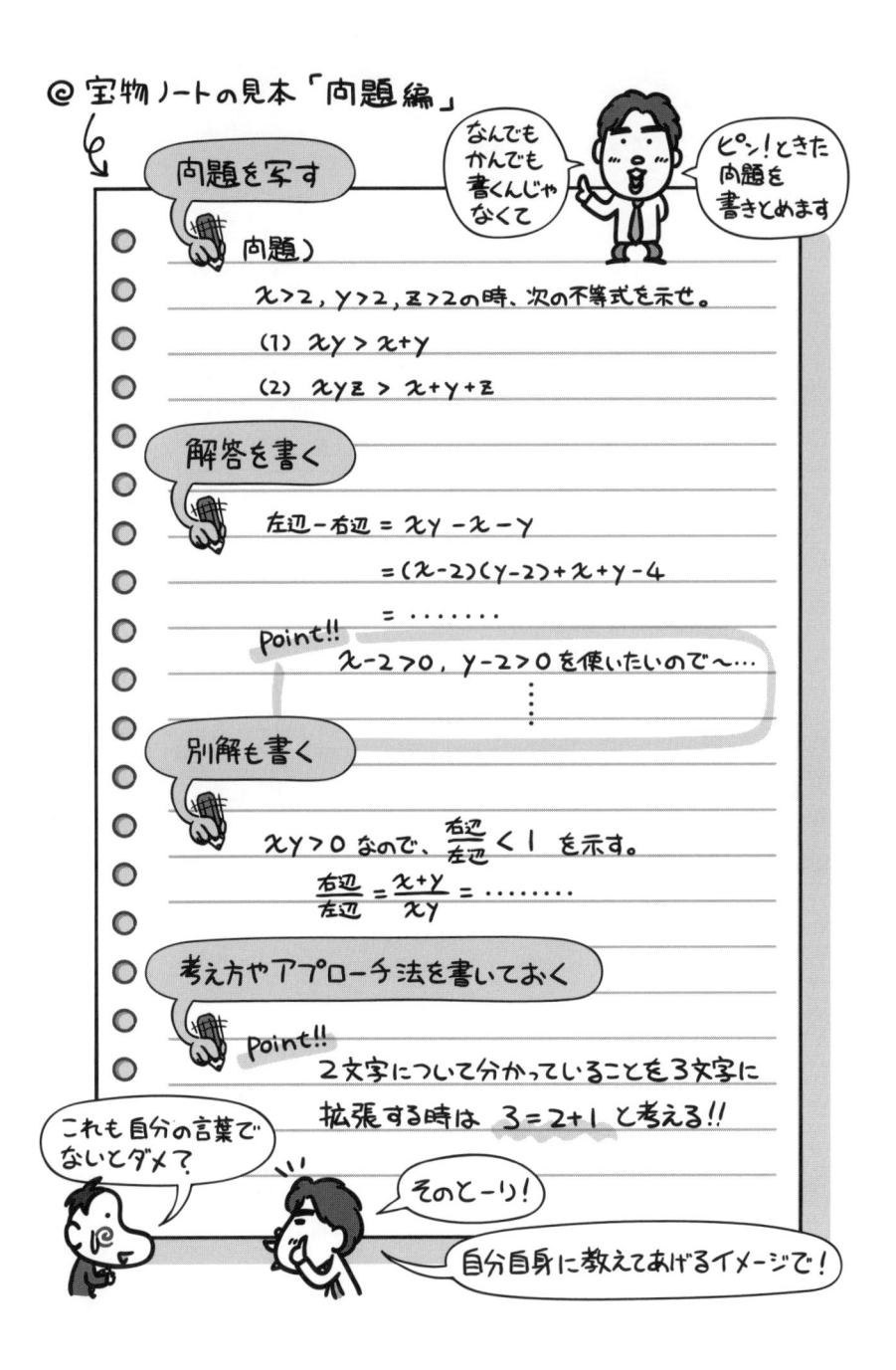

第1部　数学はどのように勉強すべきか

◎ 宝物ノートの見本「問題編」

問題を写す

なんでもかんでも書くんじゃなくて
ピン！ときた問題を書きとめます

問題）
$x>2, y>2, z>2$ の時、次の不等式を示せ。
(1) $xy > x+y$
(2) $xyz > x+y+z$

解答を書く

左辺－右辺 $= xy - x - y$
$= (x-2)(y-2) + x + y - 4$
$= \cdots\cdots$

Point!!
$x-2>0, y-2>0$ を使いたいので～…
$\vdots$

別解も書く

$xy>0$ なので、$\dfrac{右辺}{左辺} < 1$ を示す。

$\dfrac{右辺}{左辺} = \dfrac{x+y}{xy} = \cdots\cdots$

考え方やアプローチ法を書いておく

Point!!
2文字について分かっていることを3文字に拡張する時は $3 = 2+1$ と考える!!

これも自分の言葉でないとダメ？

そのとーり！

自分自身に教えてあげるイメージで！

［共通の注意点］
① 自分の言葉で書く
　この「宝物」ノートを作る際に気をつけなければいけないことがあります。それは、できるだけ自分の言葉で書くということです。教科書の記述や先生の板書をそのまま書き写したのでは、あまり意味はありません。もちろん一部引用するのは仕方ないと思いますが、自分の言葉で言い換えることが、対象への理解を大いに深めます。前述の通り、わかっていないことは自分の言葉で言い換えることはできません。また、与えられた言葉を受け取るだけの受動的な勉強は効果が低いです。自分から対象に手を伸ばし、自分の言葉で言い換えようとする能動的な学ぶ姿勢ができて初めて、数学への道は開かれると思います。そのためにも、自分の言葉で書くということを自らに課すことはとても大切なことです。そして、繰り返しますが、この「宝物」ノートは他ならぬ未来の自分のためのノートです。未来の自分に教えてあげるつもりで、わかりやすく丁寧に書きましょう。

② ノートにはすべての情報を集約させる
　大切なことは、この「宝物」ノートにはすべての情報が集約している、ということです。あとで見返すときに教科書も問題集も見る必要がないように、（たとえ試験前でも！）ノートにはすべてを書いておきましょう。

　いかがでしょうか？　「宝物」ノートを作ってみたくなりましたか？　それとも「めんどくさそう〜」と思われましたか？
　確かに、このノートはすぐには出来上がらないでしょう。完成まではそれなりに時間がかかると思います。でも、書くという行為は大いに脳を刺激しますし、自分の頭で考えた自分の言葉で書くことで、勉強効果は絶大になります。そして、自分の言葉で書かれた「宝物」ノートが文字通り宝物に感じられるようになったら、きっとそこに書いてあること、すなわち数学も愛おしくなってくること請け合いです！

第 **2** 部

問題を解く前に知っておくべきこと

数学で文字を使うワケ

算数と数学の違い

　小学校から中学校に進むと、科目名が算数から数学に変わります。では算数と数学では何が違うのでしょうか？　それは簡単に言ってしまうと、「マイナスの数を扱うことと、文字を使うこと」です。そのため、中学に入ると、まずはこの２つを学ぶことから数学の授業がスタートします。
　そもそも数学は大別して、

数学 ｛ 代数学（文字を使う数学）
　　　 解析学（微分積分・確率論）
　　　 幾何学（図形）

のように３つの分野からできています。
　代数学とはその名の通り、「数の代わりに文字を使う」数学として始まった学問のことで、高校までに習う「初等代数学」では文字を使った数式や方程式の取り扱いを学ぶことに主眼が置かれています。また解析学の分野はさらに微分・積分と確率論の２分野に分けることができますが、その基礎は変わりゆく量を「関数」として扱うことから始まります。幾何学は言うまでもなく幾何、すなわち図形について学ぶ学問です。
　ちなみに、今、高校の数学はⅠA、ⅡB……のような科目名ですが、私が高校生の頃は「代数・幾何」「基礎解析」という科目名でした。これは

数学の主要3分野に基づいたよい名前だったと思います。ただし、高校の数学がこの科目名だったのは10年間ほど（1982年度〜1993年度入学）だったので、数学の科目名の話題をすると歳がバレるかもしれません（笑）。

　我が国の高校数学では、幾何学の割合はかなり少なく、解析学については関数の取り扱いを中心にその入口を勉強するに過ぎません。つまり誤解を恐れずに書けば、高校数学では数学≒（初等）代数学＋関数と考えて、ほぼ間違いないと思います。すなわち、いかに文字を使って立式していくか、そしてその文字で表される方程式や関数をどのように扱っていくのかを学ぶことが、数学の基礎として最も重要視されているのです。

演繹と帰納

　文字を使うことの恩恵について考える前に、演繹と帰納というお話をしたいと思います。あまり馴染みのない言葉ですよね？
　まず演繹法ですが、これは
「全体に成り立つ理論を部分にあてはめていくこと」
を言います。
　たとえば、
「太陽は必ず東から昇って西に沈む。だから、今日も太陽は東から昇って西に沈む」
というのは演繹的な思考の方法です。
　他の例で言えば、
「n 角形の内角の和は $(n-2) \times 180°$ で与えられる。だから、7角形の内角の和は $(7-2) \times 180° = 900°$ である」
と考えることも演繹的な考え方です。
　「演繹」などという言葉を使うと難しく感じるかもしれませんが、じつはこの考え方は、皆さんにとって、比較的馴染みの深いものだと思います。たとえば、ある日の朝、雨が降っていたとします。すると、

「雨の降る日は渋滞しやすい」
という理論（この場合は経験則）から、
「今日は道が混みそうだな。よし、ちょっと早めに家を出よう」
と自然に考えますよね。これこそが演繹的なものの考え方です。

これに対して、帰納法というのはどういうことでしょうか。
帰納法というのは
「部分にあてはまることを推し進めて全体に通じる理論を導くこと」
です。
それはたとえばこういうことです。
「バナナは甘い、ミカンは甘い、ブドウは甘い、イチゴは甘い……」
という個々の例から、
「果物は甘い」
という全体に通じる理論を導き出すこと。これが帰納的な考え方です。
別の例を出してみましょう。

$$1、1、2、3、5、8、13、21、34\cdots$$

という数の列（数列）を見てください。一見でたらめに数が並んでいるように見えるかもしれませんが、この数列は全体に通じるある法則に基づいて並べられています。どのような法則かわかりますか？　ちょっと難しいですよね……じつはこれらの数字は「前の2つの数を足したら次の数になる」という法則に従って並べられています。3番目の数「2」は1番目の数「1」と2番目の数「1」の和です。7番目の数「13」も5番目の数「5」と6番目の数「8」の和になっています（じつはこれは有名な数列で、いわゆるフィボナッチ数列と呼ばれる数列です）。

そこで、n番目の数をa_nと書くことにすると、この数列は一般に

$$a_n + a_{n+1} = a_{n+2}$$

という式で表される法則を持っていることがわかります（今、式はどうでもよいのですが……）。これも帰納的な考え方です。

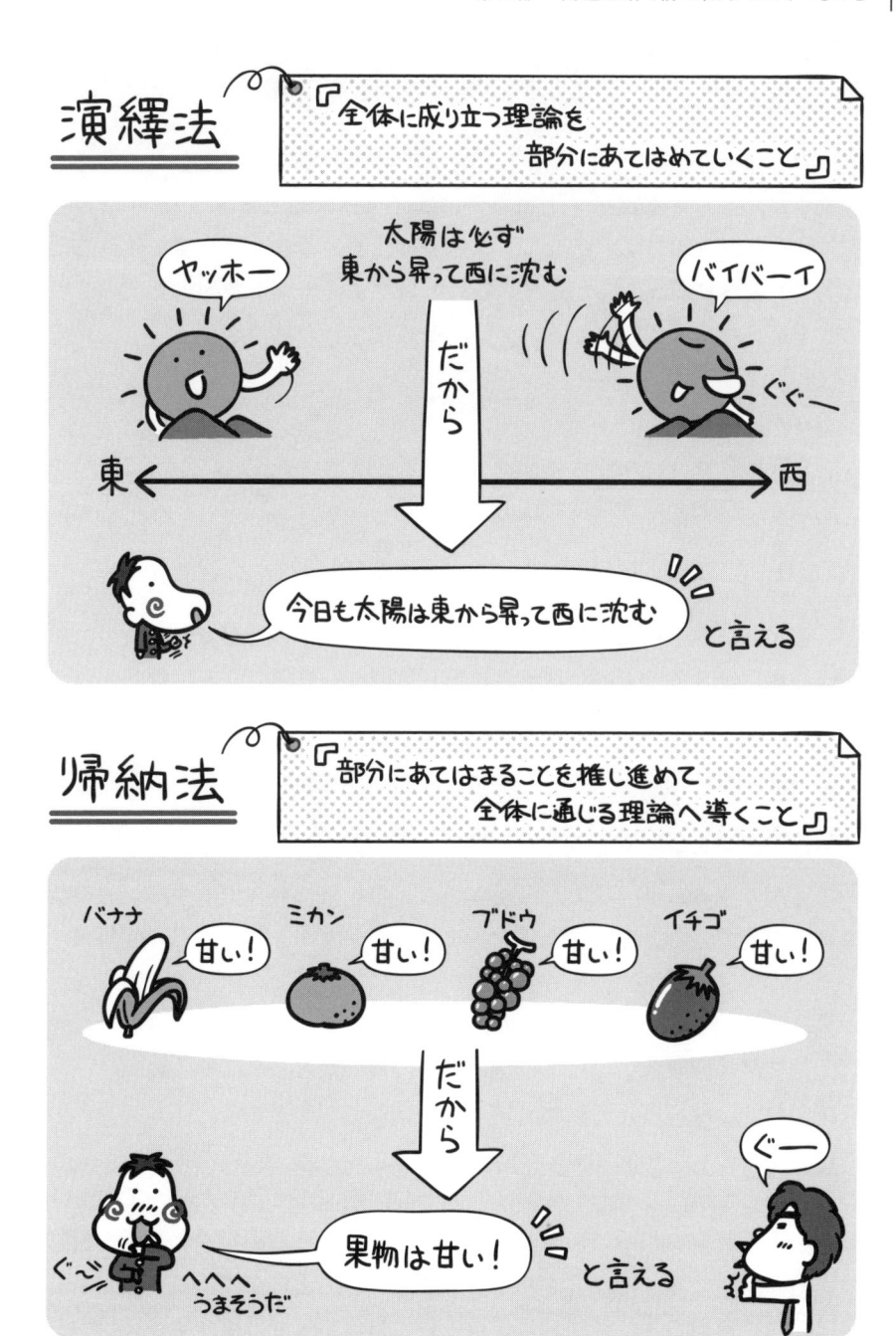

演繹法

『全体に成り立つ理論を部分にあてはめていくこと』

太陽は必ず東から昇って西に沈む

（ヤッホー）　（バイバーイ）

東　←――――――→　西

だから

今日も太陽は東から昇って西に沈む　と言える

帰納法

『部分にあてはまることを推し進めて全体に通じる理論へ導くこと』

バナナ（甘い！）　ミカン（甘い！）　ブドウ（甘い！）　イチゴ（甘い！）

だから

果物は甘い！　と言える

ぐ～　へへへ　うまそうだ　　ぐー

一般化とは

　この演繹と帰納というのは、推論を行なう上で最も基本的な2つの考え方ですが、どちらもポイントになるのは「全体に通じる理論」、すなわち一般化された理論です。そして、この一般化ということと文字を使うことはとても密接に繋がっています。先ほどのフィボナッチ数列も「前の2つの数を足したら次の数になる」という一般化された性質が、

$$a_n + a_{n+1} = a_{n+2}$$

という文字を使った式によって表現されています。
　他にも、たとえば奇数は具体的に書くと、

　　1、3、5、7、9、11、13、15、17、19、21、23、25、27……

と、どんなに書き連ねても、その一部しか書き表すことができないのに対し、奇数には「2で割ったら1余る数」という一般化できる性質があることから、文字を使えば（nを整数として）

$$2n + 1$$

と簡単に表すことができます。しかも、このnにはいかなる整数も代入することができるので、このたった1つの式で無限に存在するすべての奇数を表現できていることになります。これこそが文字を使うことの醍醐味です。
　……と言っても「文字の入った式で書くことが一般化だ」と言われただけではまだ「一般化」のイメージは捉えづらいかもしれませんね。
　少し数学を離れて、一般化とはどういうことか考えてみましょう。
　たとえばあなたが失恋をしたとします。とても悲しいことです。とてもつらいことです。でもその失恋から人として学ぶことはなかったでしょうか？　ある特定の相手に振られてしまう原因になったあなたの言動や性格は、もしかしたらどんな人が相手でも、別れの原因になり得ることかもしれません。そのことに気づけは、そういう自分の欠点は直すように努力し

ますよね？

　このように1つの失恋の経験から、次の恋愛に活かせるような教訓をあぶり出すこと、これこそが一般化です。たとえ失敗してもその原因を一般化できれば、それはまだ見ぬ未来の事例に活かすことができるので、大きな成長につながります。

文字を使うことの恩恵

　そもそも、「目に見えない規則や性質をあぶり出そう」というのは数学の基本的な精神です。いくつかの具体例から全体に通じる理論を見つけ、一般化（帰納）することができれば、そのうしろに拡がる無限の世界を捉えられるようになります。そしてそれは文字で表すことによって初めてもたらされる恩恵であると言っても過言ではありません。反対に、一般化された規則や性質はいつも文字を使って表現されます。これを個々の例にあてはめて具体化（演繹）しようとすれば、文字の入った式を扱わざるを得ません。ですから数学と上手につきあうためにはまず数式の中で文字を扱うことについて、習熟する必要があるのです。

　最後に、数学者が一般化できずに長年取り組んでいる問題を1つ紹介します。それは素数と呼ばれる数に関する問題です。素数とは「1と自分自身しか約数を持たない」数のことで、いくつか書きだすと

$$2、3、5、7、11、13、17、19、23、29……$$

となります。素数は数の素として極めて重要な数であると考えられていますが、その現れ方は非常に不規則で、未だに一般化できる法則が発見されていません。1852年に発表された「リーマン予想」は素数の並びについての1つの予想ですが、その予想が正しいことの証明は完成しておらず、これはいわゆるミレニアム懸賞問題（クレイ数学研究所）として、その証明に100万ドルの懸賞金がかけられています（2012年7月現在未解決）。

未知数は消去する

この節では最初に次のような連立方程式の解き方について、おさらいしておきます。

$$\begin{cases} x + y = 3 \\ 3x - 2y = 4 \end{cases}$$

専門的（というほどのことはないですが）にはこのような連立方程式を「2元連立1次方程式」と言います。「元」とは未知数の個数のことです。中学で学ぶこのような連立方程式の解き方には2つあります。1つは代入法、もう1つは加減法です。

代入法

【代入法の手順】
（ⅰ）消去したい文字を決める
（ⅱ）ⅰで決めた文字について解く
（ⅲ）他の式に代入

これだけです。では先ほどの例についてやってみましょう。

$$\begin{cases} x + y = 3 & \cdots ① \\ 3x - 2y = 4 & \cdots ② \end{cases}$$

まず、消去したい文字を決めます。今回の場合はxでもyでも大差ないので、とりあえずyを消去することにします。①の式をyについて解き直す（"$y =$"の形にする）と

$$y = -x + 3 \quad \cdots ③$$

です。③を②に代入すると、

$$\begin{aligned} 3x - 2(-x + 3) &= 4 \\ 3x + 2x - 6 &= 4 \\ 5x &= 10 \\ x &= 2 \end{aligned}$$

③より、

$$\begin{aligned} y &= -2 + 3 \\ &= 1 \end{aligned}$$

よって、$(x, y) = (2, 1)$と求まります。

加減法

【加減法の手順】
（ⅰ）消去したい文字を決める
（ⅱ）ⅰで決めた文字の係数が揃うように与えられた式を定数倍する
（ⅲ）2つの式を足したり、引いたりしてⅰの文字を消す

同じ例題についてやってみましょう。
やはりyを消去することにします。
①式を2倍して、辺々を足しあわせます。

$$①×2: \quad 2x + 2y = 6$$
$$② \quad +)\,3x - 2y = 4$$
$$\overline{5x = 10}$$

よって、

$$x = 2$$

①式に代入して

$$2 + y = 3$$
$$y = 1$$

以上より、もちろん代入法と同じ $(x, y) = (2, 1)$ を得ます。

これら2つの方法は与えられた連立方程式の形を見て、よりよい方を選択するべきなのですが、中学生に連立方程式を解かせると、半分くらいの生徒さんはどのような形であっても加減法で解こうとします。あなたはどうでしたか？

しかも、加減法が有効なのは主に未知数が2つのときで、未知数が3つ以上になると、加減法では解きづらいことの方が多くなります。

万能なのは代入法

どんなに未知数が増えても通用する万能の方法は代入法です。すなわち、

（ⅰ）消去したい文字を決める
（ⅱ）ⅰで決めた文字について解く
（ⅲ）他の式に代入

をひたすら繰り返すことで、多元連立方程式（未知数の数が多い連立方程式）は必ず解くことができます。

例題をやってみましょう。

問題 次の連立方程式を解きなさい。

$$\begin{cases} x+y+z=6 & \cdots ① \\ x-y-2z=2 & \cdots ② \\ -3x+4y=11 & \cdots ③ \end{cases}$$

最初に消去する文字を決めますが、今回は z を消去することにしましょう。

①より、

$$z = 6 - x - y$$

ですので、これを②に代入すると、

$$x - y - 2(6 - x - y) = 2$$

整理すると

$$x - y - 12 + 2x + 2y = 2$$
$$3x + y = 14 \quad \cdots ④$$

これと③を連立して

$$\begin{cases} -3x+4y=11 & \cdots ③ \\ 3x+y=14 & \cdots ④ \end{cases}$$

こうなれば、馴染み深い2元連立1次方程式ですから、後は好きに代入法でも加減法でも使って解いてください（省略します）。

解答は

$$x = 3, \quad y = 5, \quad z = -2$$

になります。

ここで大事なことは、代入法を使えば、未知数がいくつに増えようとも

必ず1つずつ消去していくことができる、ということです。これがわかっていることは大変心強いことです。

合言葉は「未知数を消せ!」

　さらに言えば、特に連立方程式の形をしていなくても、式が1つ与えられれば文字を1つ消去することができます。数式の中で文字を扱っている以上、いつも気にしていなくてはいけないのは「未知数を減らす」ことです。

　たとえばAとBとCがそれぞれ三角形の内角だとわかっているのなら、三角形の内角の和は180°ですから、

$$A + B + C = 180$$

という条件式が与えられているのと同じであり、ここから

$$C = 180 - (A + B)$$

などを作って他の式に代入すれば、未知数Cを消すことができます。

　問題が与えられて、何をすべきか見当がつかないとき、まずは条件を数式に「数訳」し（"数訳"については後で詳述します）、その式からある文字について解いて他の式に代入する、という方針を立てるのは数学的にとても「真っ当な」方針です。合言葉は「未知数を消せ！」なのです！

消せる未知数の見つけ方

　では、どの未知数を消せばよいのでしょうか？　未知数（文字）がいくつかある場合、どれを消すことができるのかわからない場合があるかもしれません。しかし、答えは簡単です。複数の式に含まれる未知数は必ず消去することができます。1つの式を使って、その未知数について解き、それを他の式に代入することで未知数は必ずなくなるからです。

> ① 目の前にある式を眺めて、複数の式に含まれる文字を探す
> 　　↓
> ② ①の文字のうち、一番解きやすそうな文字を見つける
> 　　↓
> ③ ②の文字について、ある1つの式を使って解く
> 　　↓
> ④ ③の結果を他の式に代入

という流れです。気楽にやってください。

　それでは、連立方程式ではありませんが、未知数を消去していくと、うまくいく例題を1つやってみます。

> **問題**　$\sqrt{7}$の小数部分をaとするとき、$a^2 + 4a - 7$の値を求めなさい。
> 　　　　　　　　　　　　　　　　　　　　　　　　　（近畿大学）

　この問題の考え方はこうです。

　　　未知数はa　→　aを消去したい　→　$a = \cdots$の形を作りたい

それではどうやって、$a = \cdots$の形を作ったらよいでしょうか？
　aは、$\sqrt{7}$の小数部分だということですが、$\sqrt{7}$の整数部分はいくつなのでしょうか？　ここで$\sqrt{7}$の整数部分を見積もるために、7の近くの平方数を思い浮かべましょう。

> 【平方数】
> 1, 4, 9, 16, 25, 36, 49, 64, 81, 100　など、ある整数の2乗になっている数のことです。

すると、

$$4 < 7 < 9$$

なので、

$$\sqrt{4} < \sqrt{7} < \sqrt{9}$$

より、$\sqrt{4} = 2$, $\sqrt{9} = 3$ですから

$$2 < \sqrt{7} < 3$$

であることがわかります。すなわち$\sqrt{7}$は

$$\sqrt{7} = 2.\square\square\square\cdots$$

という数です。ということは「$a = 0.\square\square\square\cdots$」ということになりますので、

$$\sqrt{7} = 2 + a$$

ですね。$a = \cdots$の形を作りたいので、

$$a = \sqrt{7} - 2$$

とします。これを与えられた式に代入してaを消去すると、

$$\begin{aligned} a^2 + 4a - 7 &= (\sqrt{7} - 2)^2 + 4(\sqrt{7} - 2) - 7 \\ &= 7 - 4\sqrt{7} + 4 + 4\sqrt{7} - 8 - 7 \\ &= -4 \end{aligned}$$

として、解答を得ます。これは大学の入試問題ですが、未知数を消去するだけで、ほとんど自動的に解答に行き着きます。

　繰り返しますが、あらゆる数学の問題において、未知数を消去しようとすることは、解答を大きく前に進めてくれる重要な指針（発想）です。

二元連立二次方程式の解き方（おまけ）

　二元連立二次方程式（未知数が2つで、式が2次式）の場合には、代入法、加減法の他にもいくつかの解き方を知っている必要があります。

【二元連立二次方程式の解き方】
　　　　　① 代入法
　　　　　② 加減法
　　　　　③ 2次の項を消去
　　　　　④ 定数項を消去
　　　　　⑤ 解と係数の関係の利用

　これについても詳しく書きたいのですが、紙面に限りがありますので、ここでは割愛させていただきます。

問題集の使い方

問題集の間違った使い方の典型的な例です。

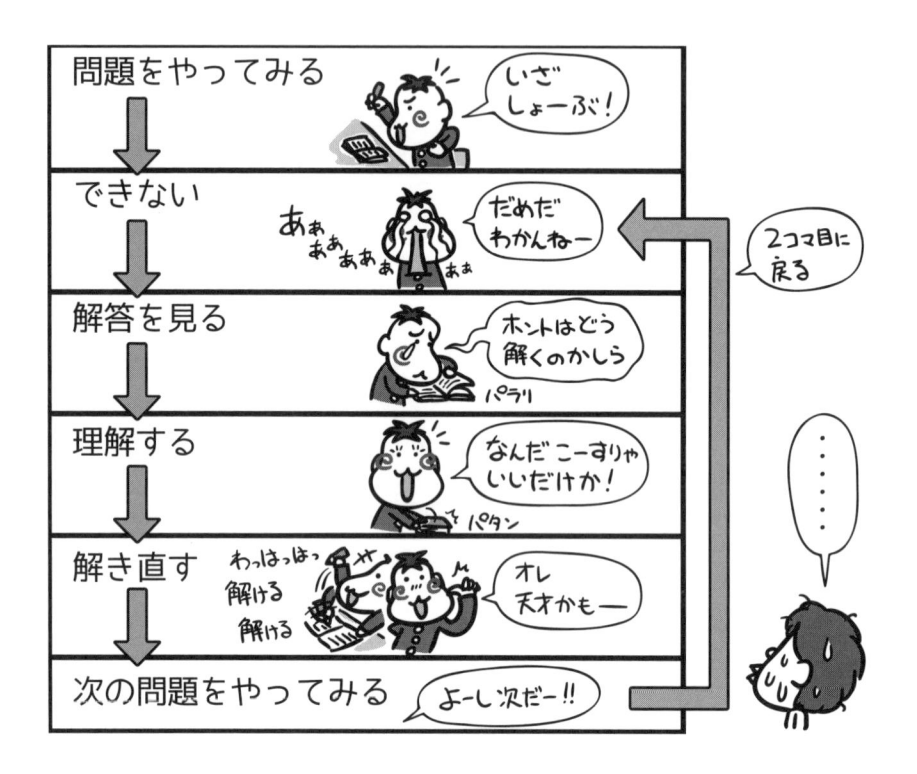

```
問題をやってみる        「いざしょーぶ！」
    ↓
できない              「あぁぁぁぁぁぁ」「だめだわかんねー」 ← 2コマ目に戻る
    ↓
解答を見る            「ホントはどう解くのかしら」 パラリ
    ↓
理解する              「なんだこーすりゃいいだけか！」 ペタン
    ↓
解き直す              「わっはっは 解ける解ける」「オレ天才かもー」
    ↓
次の問題をやってみる    「よーし次だー!!」
```

どうでしょうか。まさにこういう風に問題集をやっていませんでしたか？「どこがいけないんだ」という人もいるでしょう。しかし、このような問題集の使い方では、問題集をやる前と後でほとんど数学の実力は変わっていません。

「わかる」と「できる」は違う

　小学校〜中学1年生くらいまでは、解答を読んでわかる問題は、すなわち次にやるときにはできる問題だったと思います。つまり、「わかる」と「できる」は同じレベルのことでした。しかし、学年が上がるにつれて、だんだんとこの2つは違うものになっていきます。

　「解答を読めばわかるけれど、自分1人ではできる気がしないなあ」

　という感想を持ったことはありませんか？　ただし、ここで言う「わかる」は、第1部で扱ったような本当の「わかる」の境地ではなく、ある行から次の行への辻褄があっていることを確認する、という意味での「わかる」です。もちろん、本当の「わかる」の境地にまで行ければ、もっと勉強が進んでも「わかる」ことは「できる」こととほぼ同じ意味になりますし、そもそも本当の「わかる」がわかっている人は冒頭のような問題集の使い方はしません。

問題集の「解答」について

　問題集の正しい使い方に入る前に、問題集に付いている「解答」がどのように書かれたものであるかをお伝えしたいと思います。

　私はこれまで何度か問題集や参考書の類の執筆をしてきましたが、原稿の発注を受ける際には必ず

　「〇〇ページでお願いします」

　あるいはもっと厳しい場合には

　「〇〇行でお願いします」

と注文がつきました。印刷物にはいつも紙面の制約があるからです。

　そういう状況においてはどうしても、解答の一部は端折らざるを得なくなってしまいます。それでも、解答のエッセンスだけはできるだけ原稿に残すように努力はするのですが、そのエッセンスを繋ぎあわせた必要最低限の解答は、その問題がわからない人からすると

　「え？　なんでこの行の次にこれが来るわけ？」

「こんな変形をどうして思いつくわけ？」
「この補助線はどうして引けるわけ？」
と「？」マークがたくさん浮かんでしまうことになります。そして、
「こんな風にはひらめきそうにないな。やっぱり自分は数学ができない人間なんだな……」
と思いがちです。でも、一見ひらめきに満ちているように見えるその解答の行間には泥臭い地道な思考のプロセスがきちんとあって、解答者は「必然的」にその答えにたどり着いています。決して天から降ってくるようなひらめきを頼りに解答を書いているわけではありません。そのことをどうか忘れないでください。

問題集に載っている問題は試験に出ない

　数学の試験というのは、基本的に解いたことのない問題を解く試験です。まれに過去問とまったく同じ問題が出たり、問題集そのまま（あるいは数字を変えただけ）の問題が出る場合があるかもしれませんが、それは数学の能力とは別の次元の能力（勤勉さ、熱心さ）を数学の試験の形で問うているに過ぎません。問題集に取り組む際にいつも念頭に置いておかなくてはいけないのは、「この問題は試験に出ないのだ」ということです。
　ですから、できなかった問題の解答を読んで理解して（≒暗記して）問題を解きなおすだけでは、圧倒的に不十分なのです。

なぜできなかったのか？

　問題ができなかったとき、解答を読んで理解した後にしなくてはいけないこと、それは
　「なぜできなかったのか？」
を考えることです。私の経験では、数学の問題ができない理由は大きく分けて2つあります。

① 必要な定理や公式の理解が不十分
② 解答への発想が湧いてこない

の2つです。……と書くと「③ 解法を知らなかった」というのはないのか、という声が聞こえてきそうです。でも数学には解法を知らなければ解けない問題というのはありません。どんな解法にもその解法を生んだ発想があり、それは数学的に「当たり前」の発想です。別の言い方をすれば、数学の勉強とは、「ひらめき」にしか思えなかった発想が「当たり前」の発想に思えるようになるためにするものです。

「なぜできなかったのか」を考えて、その理由が上の①か②のどちらであるかがわかったとします。次に考えるべきは

「どうすればできるようになるか」

です。

①のケースについては、すぐに対処できます。その問題を解くために必要な定理や公式が頭に入っていなかったのですから、それを改めて学び直せばよいのです。ただし、このときにその定理や公式の結果を確認するだけではいけません。何も見ずに白紙に証明が書けるようになるまでしっかりと理解しましょう。

やっかいなのは②のケースです（そしてこちらの方が多い……）。必要な定理や公式は頭に入っていて、証明もできるようになっているはずなのに、その問題を解くために必要な発想が湧いてこなかった場合です。

そういうときはまず解答を丁寧に1行1行読み進めましょう。そして、洗練された解答の行間にある泥くさい思考のプロセスを読み取りましょう……と言うは易し(^_^;)。そんなことができるくらいならそもそも数学なんて苦手になりませんよね。でも（！）あきらめないでください。まずは解答の行間を読み取る努力をしてみましょう。

「どうすればこんな式変形が思いつけるのだろう？」

「補助線をここに引けばよいことにどうすれば気づけるのだろう？」

と思いを巡らすことは大変有意義なことです。そして、どうしてもその発

想の理由が見えてこないときのために、私たちのような数学教師がいます。ぜひ質問をしてください。またそのような先生が周りにいない人のために本書があります。問題集に付いている解答の行間に潜んでいるのは、根本的で基本的な数学的な発想です。本書ではそれを第3部で10個にまとめてあります。それを参考にしつつ実際の解答を読み進めてもらえば、
　「あ、この発想を使っているんだな」
と思えるときがきっと来ます。さらには
　「あっ、あの問題のときに使った発想と同じだ」
と思える日も来るでしょう。そうなってくると、今までバラバラの枝葉に見えていたものの向こうに太い数学の幹が見えてくるようになります。

　問題集を使う際に最も大事な瞬間は、できなかった問題の解答を見た後です。
　「なぜできなかったのか？」と「どうすればできるようになるか？」をじっくり考えることではじめて、問題集を使う意味が出てきます。そしてそれは見たことのないタイプの問題を解かなければいけない本番の試験において、大いに役立つ真の数学の力を育ててくれるのです。

問題ができたときは

　最後に、問題ができた場合についても書いておきたいと思います。問題ができたときは、ついつい解答を詳しくみることはしないかもしれません。しかし独力で問題を解いた場合（ごく基本問題をのぞけば）、解き方が問題集の解答とまったく同じ、ということはないと思います。そんなとき、自分の解答の方がよいと思えるのは人情で、よくわかりますが、ここはひとつ謙虚になって、プロの答案をじっくりと読みましょう。そしてその解答で使われている発想やテクニックに自分の知らない新しいものがないかどうかを検討してください。また、他人の解答を読むことは、解法が1つしかないわけではないことも教えてくれますので、1つの問題に対していろいろな視点を持つための勉強にもなります。

苦手な人に欠けている「解く」ための基本

数学ができる人にとっては当たり前でも、数学が苦手な人にとっては当たり前ではない「基本」があります。それを

① 文章題は「数訳」する
② 割り算には2つの意味がある
③ グラフと連立方程式の繋がりを意識する
④ 補助線の引き方は「情報量」で判断する

の4つにまとめました。どれも大変重要な基本です。この中に1つでも「当たり前」に思えないことがあるなら、第3部に進む前にしっかり確認をしておいてください。

文章題は「数訳」する

「計算問題はできるんだけれど、文章題ができないんです」
という話はよく聞きます。これは小学生〜社会人まで、皆さんが等しく持っている悩みと言ってもいいのではないでしょうか？ そんな人に問題です（←苦手だって言ってるのに……）。

> **問題** 次の文章を英訳しなさい。
> 「ある特定の製品の定価が、原価の25％増しに決められている」

「えっ、英訳!?」

と思われたでしょうが、やってみましょう。

「ある特定の製品の定価が、原価の25％増しに決められている」
とあります。
　まずは単語のおさらいをしましょう。
- ある特定の〜：certain 〜
- 製品：product
- 定価：price
- 原価：cost price
- 増し（増加）：increase

などを使っていきます。

　「ある特定の製品の定価」は
"The price of a certain product"
でよいですね。次の「原価の25％増し」は
"increased by 25% of the cost price"
でよさそうです。
　「〜に決められている」は受身を使って
"has been decided to be 〜"
でよいでしょう。これらを繋げると
"The price of a certain product has been decided to be increased by 25% of the cost price."
となります（違っていたらごめんなさい）。

　このように「英訳」なら、自然と1つ1つの言葉を丁寧に英語に訳そうとしますね。

　では、次の数学の問題をやってみましょう。いまの英訳した感覚を残したまま、解いてみてください！

> **問題** ある特定の製品の定価が、原価の25％増しに決められている。この製品の販売費用は、定価の8％である。損をしないようにするには、何％まで値引きしてよいか。

　この手の文章題が苦手な人はとても多いですが、それは定価だ、原価だ、割引だと「登場人物」が多いためです。ここで苦手な人はたいてい
　「あ、だめだ。できそうにない……」
と諦めてしまいます。でも、ちょっと待ってください。この問題が「わからない」のは問題文を最初から最後までざっと読んで、答えがすぐには「わからない」からではありませんか？　でも私だってこの問題を一読して、
　「あ、○○％です」
と答えることはできません。そこで必要になるのが、先ほどの英訳の感覚なのです。全体を通読してわからなくても、文節ごとに丁寧に数式に「訳して」いく、すなわち「数訳」していく精神があれば、決して難しいことはありません。それではやってみましょう。

　まず最初に
　「ある特定の製品の定価が、原価の25％増し」とあります。
これを数式にしていきましょう。原価が特に与えられていないので原価をa円とします（←さらっと書きましたが、わからないものを躊躇なく文字でおくことができるのは、そうやってうまくいった経験が何度もあるからです。またこれが代数の醍醐味でもあります）。
　このaを使うと

　「原価（a円）の25％」 $= a \times \dfrac{25}{100} = a \times \dfrac{1}{4} = \dfrac{1}{4}a$

になります。
　「定価が原価の25％増し」とは原価に「原価の25％（$=\dfrac{1}{4}a$）」を足せばよいですね。すなわち

「定価」＝「原価」＋「原価の25％」＝ $a + \dfrac{1}{4}a = \dfrac{5}{4}a$

と表せることになります。次に「この製品の販売費用は定価の8％」とあります。定価＝$\dfrac{5}{4}a$ でしたから、

「販売費用」＝「定価の8％」＝ $\dfrac{5}{4}a \times \dfrac{8}{100} = \dfrac{5}{4} \times \dfrac{8}{100}a = \dfrac{1}{10}a$

と求まります。さあ、最後です。「損をしないようにするには、何％まで値引きしてよいか」を数訳します。値引き率がわからず、これが求めるものですから、値引き率を x％としましょう。

「損をしない」とは収入（売り値）が支出（原価＋販売費用）以上であることです。つまり

$$収入 \geqq 支出$$

であればよいわけです。まだ収入（売り値）は式にできていませんでしたね。売り値は定価（＝$\dfrac{5}{4}a$）の x％引きですから「定価－定価の x％」で

「売り値」＝「定価」－「定価の x％」＝ $\dfrac{5}{4}a - \dfrac{5}{4}a \times \dfrac{x}{100} = \dfrac{5}{4}a\left(1 - \dfrac{x}{100}\right)$

となります。支出は原価＋販売費用ですから、収入≧支出は

$$\dfrac{5}{4}a\left(1 - \dfrac{x}{100}\right) \geqq a + \dfrac{1}{10}a$$

と表すことができました。はい、これで「数訳」は終わりです。

　あとはこの不等式を計算問題として解くだけです。上の式を、両辺に共通している a で割ってから解いていくと、

$$x \leqq 12$$

と求まります（今、計算自体はどうでもよいので割愛します）。すなわち12%までは値引きをしても損をしないことがわかりました。

いかがでしたでしょうか？　一読してわからない問題も英訳をするように、丁寧に少しずつ「数訳」していけば、しっかりと式を立てることができるのです。文章題は、そこにある文章を数学という言葉に訳してあげるという意識を持つことでずいぶん解決します。

割り算には2つの意味がある

たとえば

$$12 \div 3 = 4$$

について

「この割り算の意味は何ですか？」

と、問われたら、あなたは何と答えるでしょうか？　おそらく回答は次の2つに分かれると思います。

① 12の中に3は4つ入る
② 12を3等分すると1つは4である

どちらも正解です。しかし割り算にはこの両方の意味があることを認識できている人は多くないようです。

たとえば今、饅頭が12個あるとします。このとき

「3つセットをいくつ作ることができるでしょうか？」

という問題があったとすると、ほとんどの人が躊躇なく

$$12 \div 3 = 4$$

から、4セットできます、と答えてくれると思います。このときの割り算の意味は、まさに

① 12の中に3は4つ入る

という意味であり、図にするとこんな感じです。

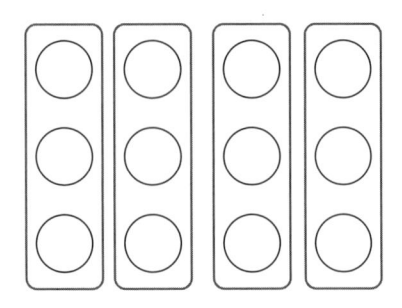

では、同じく饅頭が12個あるとき、
「3人で分けたら、1人何個になりますか？」
という問題があったとすると、ここでもほとんど人が

$$12 \div 3 = 4$$

から、1人4つになります、と答えてくれるでしょう。このときの割り算の意味は、
　②　12を3等分すると1つは4である
という意味であり、図にすると今度はこんな感じです。

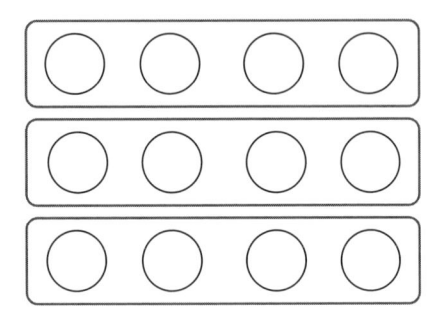

いかがですか？　数式はまったく同じなのに、その意味は全然違いますね。
　このような割り算の2つの意味を一般化すると

> 【割り算の意味】
> $$a \div n = p$$
> ① aの中にnはp個入る
> ② aをn等分すると１つはpである

ということになります。どちらも至極当たり前で、決して難しくはありません。しかし、「割り算には２つの意味がある」ことが認識できていないと、足し算、ひき算、掛け算、割り算の中で割り算だけがぼやっとした曖昧な理解になり、文章題等で〇÷△なのか、△÷〇なのかがわからなくなる原因になってしまいます。これからは、割り算をするときにはどちらの意味の割り算をしようとしているのかをしっかりと認識するようにしてください。それは「なぜこの問題がこの式で解けるのか」を考えることに繋がり、大変有意義なことです。

では、具体的に問題をやってみましょう。

小学生や中学生に嫌われている応用問題の横綱、と言ってもいいのが速さに関する問題です。例の

$$距離 \div 時間 = 速さ$$

を使う問題です。これだけならまだしも、同じ割り算で

$$距離 \div 速さ = 時間$$

を使うこともあるのが問題をややこしくしています。それでは

$$距離 \div 時間 = 速さ$$
$$距離 \div 速さ = 時間$$

の２つの割り算の意味がそれぞれ先ほどの①、②のどちらの意味であるかを考えていきます。

まずは、距離÷時間＝速さを使う問題です。

> 問題　太郎くんが12kmの道のりを3時間で歩きました。太郎くんの歩く速さ（時速）を求めなさい。ただし途中で引き返したり、休んだりはしません。

計算式は、「距離÷時間＝速さ」を使って

$$12 \div 3 = 4$$

より、答は時速4kmです。では、これは先ほどの①、②のどちらの意味でしょうか？

そもそも速さとは単位時間あたりに進む距離です。すなわち、時速なら1時間あたりに進む距離です。今回の問題の場合、太郎君は3時間で12km進んだので、1時間で進む距離が知りたければ、12kmを3等分すればよいですね。つまり、次の図のように考えることになりますから、これは「12を3等分すると1つは4である」という②の意味の割り算です。

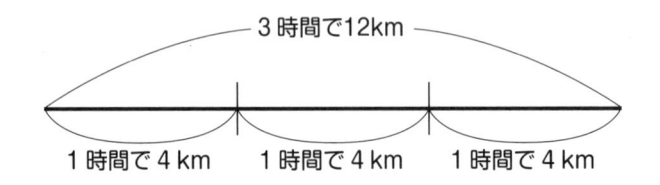

```
        ─── 3時間で12km ───
   ├────────┼────────┼────────┤
    1時間で4km  1時間で4km  1時間で4km
```

次は、距離÷速さ＝時間を使う問題です。

> 問題　花子さんが家から12ｋｍ離れた遊園地まで時速3ｋｍで歩きました。遊園地に着くまでにかかる時間は何時間でしょうか？

計算式は、「距離÷速さ＝時間」を使って

$$12 \div 3 = 4$$

より、答は4時間です。

　今度は時速3kmなので、1時間で3km進むことがわかっています。今、12kmが3kmいくつ分になるかがわかれば12km進むのにかかる時間がわかるはずですね。すなわち、次の図のように考えることになりますから、これは「12の中に3は4つ入る」という①の意味の割り算になります。

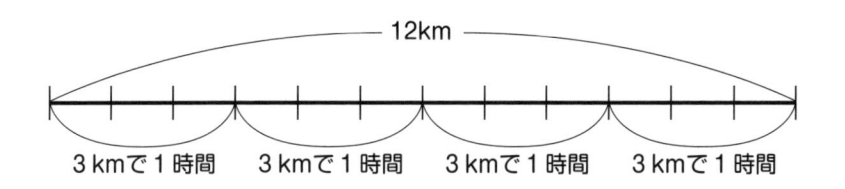

```
                    12km
├──┬──┬──┼──┬──┬──┼──┬──┬──┼──┬──┬──┤
  3kmで1時間  3kmで1時間  3kmで1時間  3kmで1時間
```

　このように同じ割り算であってもその意味は問題によって違います。生徒が混乱するのも無理はありません。教師がしっかりとその違いを説明してあげなければ、生徒は、目の前のテストを突破するために
　「なんだか、よくわからないけれど、とりあえずこの公式にあてはめれば解けるのだな……よし、この公式を覚えよう」
と数学（算数）ができなくなる典型的なパターンに陥ってしまうのです。
　読者の中には、次の図を見たことのある人がいるかもしれません。

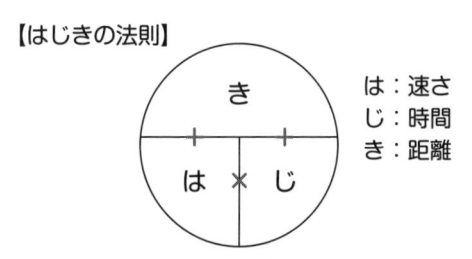

【はじきの法則】

は：速さ
じ：時間
き：距離

求めるところを隠すと
どのような計算式になるかわかるんだよ！

これは、速さに関する問題で
　　　　距離÷時間＝速さ
　　　　距離÷速さ＝時間
　　　　速さ×時間＝距離
を覚えるための図だそうです。しかもこの図を覚えるために「キティちゃんの恥（きＴちゃんのはじ）」という語呂合わせまであるそうです。しかし、もうこの本の読者の皆さんは、こうしてこれらの公式を覚えてしまうことがどれだけ無意味なことか、もっと言えばどれだけ大きな弊害をもたらすかはおわかりですね？

　割り算の２つの意味についてきちんと考えることを入口に、こうした悪しき慣習から、脱出してくれる人が増えることを願っています。

グラフと連立方程式の繋がりを意識する

　次の問題を見てください。

問題

$$\begin{cases} y = 2x + 1 \\ y = -x + 4 \end{cases}$$

で表される２本の直線の交点を求めなさい。

　さあ、どうでしょうか？　きっと、中学の数学を覚えていて
　「２つの連立方程式を解けばいいんだよ」
と答えられる人はいるでしょう。では、
　「なぜ、連立方程式を解くとグラフの交点が求まるのですか？」
という問いかけには答えられるでしょうか？

　「グラフの交点は連立方程式を解けば求まる」ということを知識として覚えてしまっている人は多いですが、それがなぜかをしっかりと理解することは、グラフの意味、連立方程式の意味などについての理解を深めてく

れます。

　まず、$y = 2x + 1$ のグラフがどのようになるか考えてみましょう。第1部の「意味付けをする」(21頁) で触れたように、$y = ax + b$ の形をした1次関数のグラフは直線になるのでしたね。
　$y = 2x + 1$ の場合、$x = 0$ なら、$y = 1$、$x = 1$ なら $y = 3$ なので、$(0, 1)$、$(1, 3)$ の2点を通る直線として、グラフは

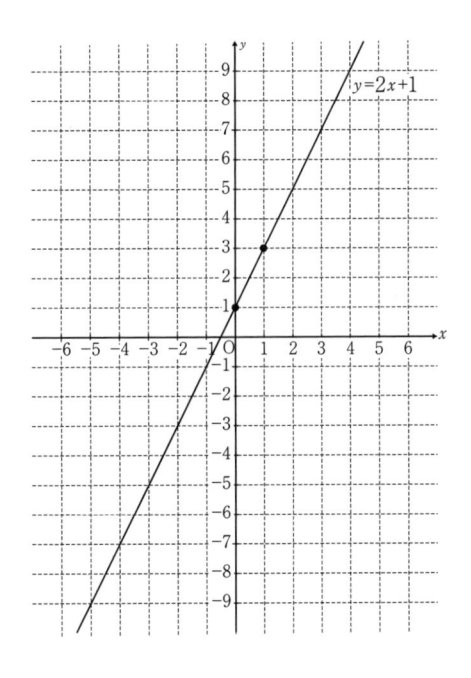

のようになります。ここで大事なのは $y = 2x + 1$ を満たす点は必ずこの直線の上にある、ということです。
　たとえば、$y = 2x + 1$ で $x = \frac{1}{2}$ のときの点 $(\frac{1}{2}, 2)$ も上の直線にちゃんと乗っていますし、$\frac{1}{2}$ に限らず x に $\sqrt{2}$ や 2.4 など、どのような値を入れても、それに対応する点は必ずこの直線上に乗っています。

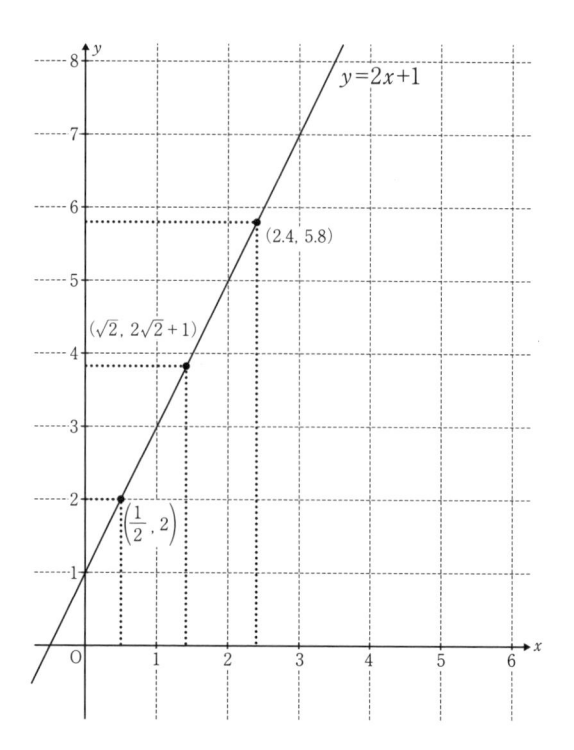

逆に言えば、

　　この直線上のすべての点（の座標）は$y=2x+1$の式を満たす

ことになります。ここが大変重要なところです。あとでこのことを使いますので、よーく噛み締めておいてくださいね。

次に「方程式」について理解しておきたいと思います。たとえば

$$3x+5=11$$

というのはごく一般的な方程式です。解は$x=2$です。そして、この式は$x=2$以外の値をxに代入しても成り立ちません。このように、ある特定の値を代入したときにだけ成り立つ式のことを方程式と言い、その特定の値のこと「解」と言います。

【方程式】　ある特定の値を代入したときにだけ成り立つ式。

巷に「恋の方程式」とか「勝利の方程式」とかいう言い回しがあります。「恋の方程式」とは恋が成就するための特定の方法のことを指しているのでしょうし、たとえば野球で使われる場合の「勝利の方程式」とは勝つためにそのチームの監督がいつも使っている特定の継投策のことを指すのが通常です。つまりそれぞれ、目的を果たすためには「特定の答え（方法）」があることを示唆している表現なので、これらはあながち間違った表現ではありません。

それでは連立方程式とは何でしょうか？　それは

$$\begin{cases} 2x - y = -1 \\ x + y = 4 \end{cases}$$

のような複数の方程式のことを指し、連立方程式の解とはこれらの式を同時に満たすような特定の値のことです。上の例では、

$$\begin{cases} x = 1 \\ y = 3 \end{cases}$$

が解となります。

最初に出した問題に戻ります。

問題

$$\begin{cases} y = 2x + 1 \\ y = -x + 4 \end{cases}$$

で表される２本の直線の交点を求めなさい。

まず、本当に連立方程式の解が2直線の交点になっているかどうかを確かめます。問題で与えられた式を変形すると

$$\begin{cases} 2x - y = -1 \\ x + y = 4 \end{cases}$$

と先ほど例に出した連立方程式と同じになります。これの解は、

$$\begin{cases} x = 1 \\ y = 3 \end{cases}$$

でした。
　一方実際に与えられた2本の直線をグラフに書いてみます。

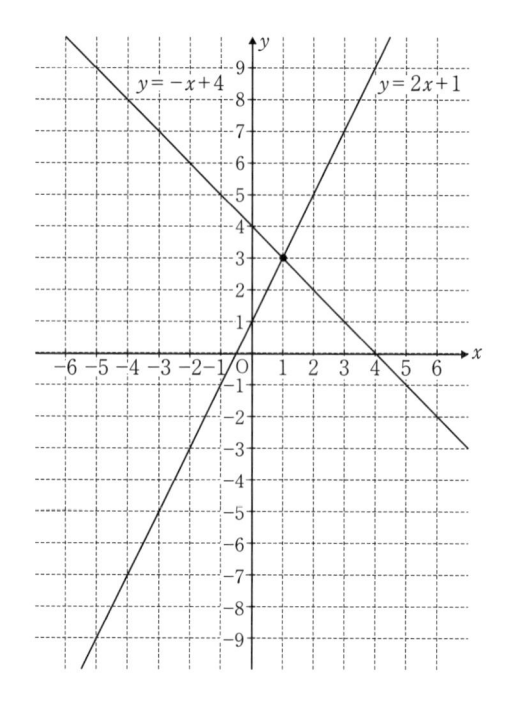

方眼の目盛りを読むと、交点は

$$(x, y) = (1, 3)$$

になっています。確かに、グラフの交点は連立方程式の解になっています。なぜでしょうか……？　その理由はこうです。

　先ほど「噛み締めておいてください」とお願いしたことですが、ある直線上にあるすべての点（の座標）はその直線の式を満たします。と、いうことは

$$\begin{cases} y = 2x + 1 \\ y = -x + 4 \end{cases}$$

の2つの直線の交点は、$y = 2x + 1$上の点でもあり、$y = -x + 4$上の点でもあるので、この2つの直線の式を同時に満たす点だということになります。一方、連立方程式の解というのも、やはり2つの式を同時に満たす特定の値ですから、この2つが一致するのは当然なのです。

　一般に、ある関数のグラフ上の任意の点はその関数の式を満たすので、1次関数に限らず、グラフの交点はいつも連立方程式の解として得られることになります。

補助線の引き方は「情報量」で判断する

　思い出してほしいのですが、図形問題を解かせられたとき、闇雲に補助線を引きまくって、元の図形がなんだかすらわからなくなってしまったことはありませんか？　そして、そういうときはたいてい解答にたどりつくことができなかったと思います。補助線によって余計にわからないことが増えてしまうようでは、その補助線は引くに値しません。大切なのはその補助線を引くことによって、いかに情報量が増えるかを考えることです。

　ではどのような補助線が「情報量が増える」補助線なのでしょうか？　それはズバリ、

平行線と垂線

の2本です。なぜなら、補助線としてどこかの直線と平行な線を引けば、そこに同位角、錯角として他の角度と等しい角度が出現しますし、平行四辺形が生まれて、平行四辺形のさまざまな性質が使えるようになることもあります。また補助線として垂線を引けば、直角三角形が出現して三平方の定理が使えたり、円に内接する図形が出現したりします。このように**平行線や垂線を引けば、新しい情報が得られるようになる**のです。具体的にみていきます。

まずは補助線として平行線を引くとうまくいく例を紹介します。……と、その前に平行線と角度について基本的なことを確認しておきましょう。平行線では同位角や錯角と呼ばれる角どうしが等しくなります（証明は割愛します）。

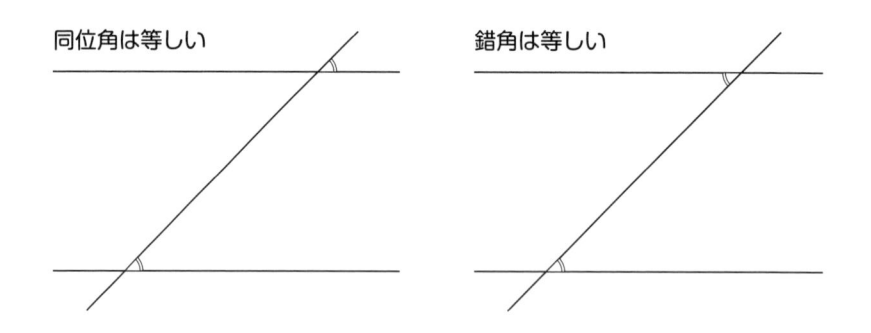

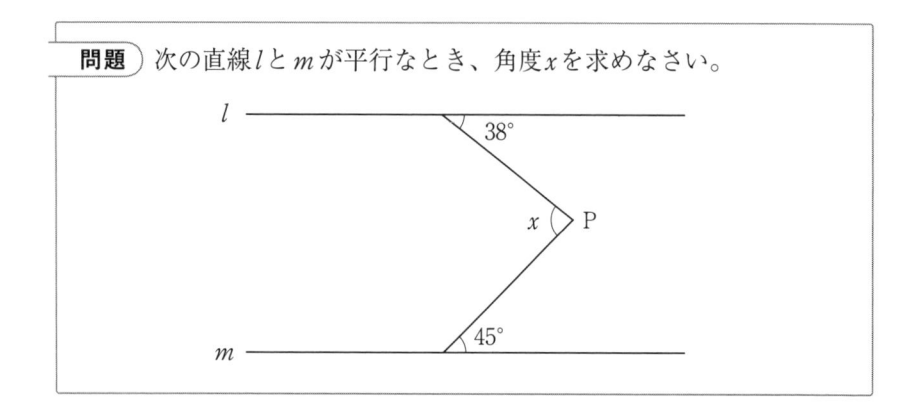

同位角は等しい

錯角は等しい

問題 次の直線 l と m が平行なとき、角度 x を求めなさい。

l ─── 38°

x ⟩ P

m ─── 45°

さて、どうしましょうか？　わかっていることがこれだけでは、何とも心許ない感じで、このままでは解けそうにありませんね……。そこで補助線の登場です。

情報量を増やすためにPを通り、lとmに平行な直線nを引いてみましょう。

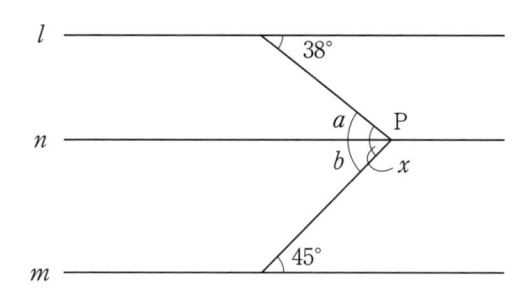

すると、どうでしょう！　aと38°が錯角、bと45°も錯角であり、平行線における錯角は等しいので

$$a = 38$$
$$b = 45$$

であることがわかります。

図より明らかに

$$x = a + b$$
$$= 38 + 45$$
$$= 83$$

となり、角度は83°であることがわかりますね！

次は補助線として垂線を引くとうまくいく例題です。

問題 下の△ABCの面積を求めなさい。

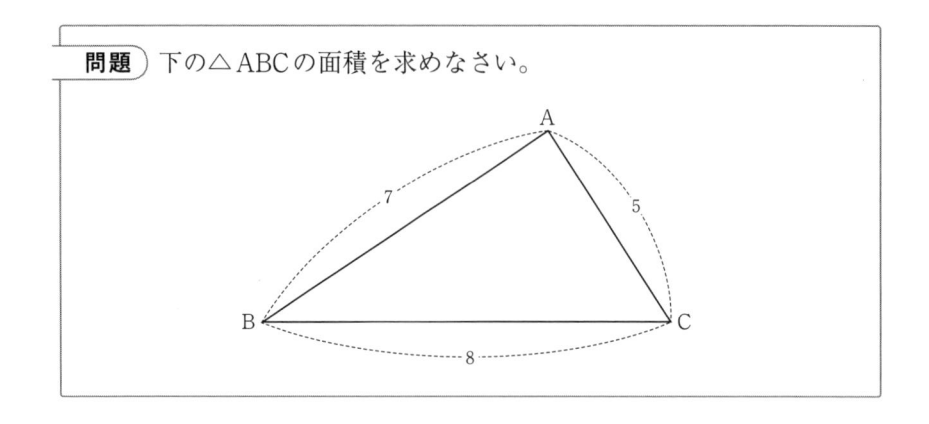

さあ、小学校以来の夢を叶えるときが来ました！（←大げさ）

3辺の長さがわかっていれば、三角形の形・大きさは1つに決まるはずなのに、小学生のときは、高さがわからなければ、三角形の面積を求めることができませんでした。あの悔しさ（は私だけかな？）を今こそ晴らしましょう！　ここでも情報量を増やすために補助線として、AからBCに垂線を引きます。

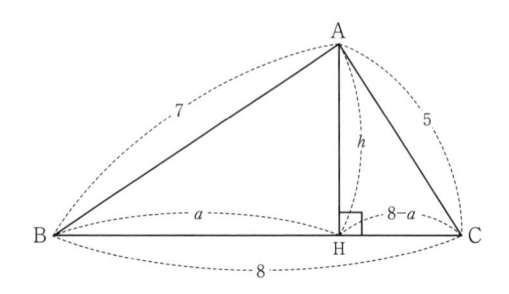

ここで、BH = aとすると、BC = 8ですから、HC = $8-a$となりますね。
またAH（高さ）をhとしましょう。すると、この図形の中に2つの直角三角形ができていることがわかります（△ABHと△AHC）。そして、直角三角形にはあの定理が使えます。そうです、三平方の定理です。

【三平方の定理】

$$a^2 + b^2 = c^2$$

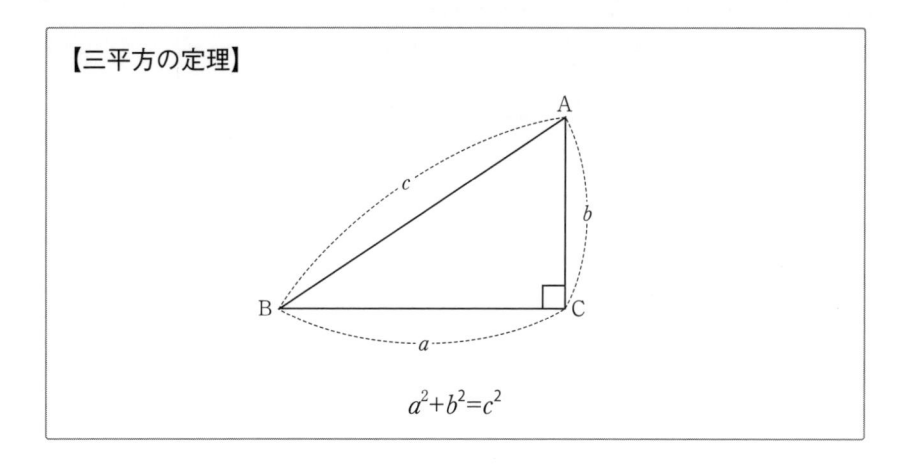

これを△ABHに適用すると、

$$a^2 + h^2 = 7^2 \quad \cdots ①$$

同様に△AHCに適用すると、

$$(8-a)^2 + h^2 = 5^2 \quad \cdots ②$$

ですね。ここで

$$(p-q)^2 = p^2 - 2pq + q^2$$

ですから、

$$(8-a)^2 = 64 - 16a + a^2$$

であることに注意すると、②の式は

$$64 - 16a + a^2 + h^2 = 5^2 \quad \cdots ③$$

です。ここで①-③を作ります。

$$a^2 + h^2 = 7^2$$
$$-\underline{)\ 64 - 16a + a^2 + h^2 = 5^2}$$
$$-64 + 16a \quad\quad = 49 - 25$$
$$16a = 24 + 64$$
$$16a = 88$$
$$a = \frac{88}{16} = \frac{11}{2}$$

これを、①に代入して、

$$\left(\frac{11}{2}\right)^2 + h^2 = 7^2$$
$$\frac{121}{4} + h^2 = 49$$
$$h^2 = 49 - \frac{121}{4}$$
$$= \frac{196 - 121}{4}$$
$$= \frac{75}{4}$$
$$h = \frac{\sqrt{75}}{2}$$
$$= \frac{5\sqrt{3}}{2}$$

以上より、

$$\triangle ABC = 8 \times \frac{5\sqrt{3}}{2} \times \frac{1}{2} = 10\sqrt{3}$$

と△ABCの面積が求まりました＼(^o^)／

　ここでも、途中の式計算はあまり気にしなくていいです。大事なのは垂線を1本引くことで、直角三角形が2つ出現して、三平方の定理から①と

②という2つの式が得られた、ということです。平行線同様、補助線として垂線を引くことで情報が増えたことを実感してもらえれば十分です。

　私が強調したいのは、==これらの補助線が「ひらめき」としてたまたま思いついた補助線ではなく、戦略的に引いた補助線である==、ということです。確かに一部の難問には「ひらめき」と言う以外には説明の仕様がない補助線を引かなければ、解くことができない問題があります。しかし、心配はいりません。一般の人間はそういう難問が解けるようになる必要はないからです。たとえば大学入試でもその手の問題が出されることはまれですし、仮に出されてしまったとしても（きっと大学側が世論から批判されますが）、その問題で合否が分かれることはありません。

　==数学を生きていく上での「武器」として使いたい人にとって、最も価値があるのは論理的であることです。決してひらめきがあることではありません。==

　平行線や垂線の補助線を引けば、情報量が増えることがあらかじめわかっていて、「情報量を増やす」という明確な目的の上に補助線が引けるようになることは、得られる保証のない「ひらめき」を待つより、数学的にずっと重要なことです。情報量が増える補助線によって問題が解けたとき、それは偶然ではなく、必然なのです。

数学ができる人の頭の中

数学が苦手な人の典型的なパターン

> 数学が最初からできなかった訳じゃない。むしろ小学校の算数は（文章題はちょっと苦手だったけど）そこそこの成績だったし、中学でも1〜2年生位は悪くなかった。でも3年生頃から急に点数が取れなくなり、高校に入ると完全に低迷。授業中はノートをきちんと取り、試験前も問題集を二度、三度と解いたのに、その努力が報われない。他の科目は平均点以上を取れているのだから、きっと自分には数学の才能がないに違いない……

今、「自分のことだ……」と思いませんでしたか？

じつはこれは、私の塾の門を叩く生徒さんに見られる最も典型的なパターンです。「数学の才能がないんだ」と諦め、数学が嫌いになる……私はこれまでそういう生徒さんを本当にたくさん見てきました。こういう生徒さんは真面目で、努力することの大切さも知っているので、他の科目の成績は決して悪くありません。それ故にますます「自分は文系なんだ」と思い込んで数学と決別してしまいます。

真面目に勉強しているのに、数学ができない生徒さんに
「どうやって勉強してる？」
と聞くと、決まって

「解き方を覚えています」
と例題の解法にアンダーラインを引きまくった教科書を見せてくれます。解法を覚えることが数学の勉強だと思い込んで（込まされて）しまっているのです。

できる人は「基本的な考え方」を使っているだけ

　数学が得意な人で、解法を丸暗記してそれをあてはめて解いている人はいません。もちろんどんな教科書にも載っているような典型的な問題を、典型的な解法で解くことはあるでしょう。でも、それにしても解法を丸暗記しているのではなく、その解法の意味や背景にある「物語」をつかみ、誰かに好きな映画の話をするような感覚で解いています。そして数学ができる人が真骨頂を発揮するのはやはり、見たこともないような新傾向の問題に取り組むときです。

　私は自分が数学を教えるようになって、なぜ自分は数学の問題が解けるのかを考えました（嫌味な書き方になってごめんなさい！）。解法を暗記しようとしたことはないし、そもそもどんなに既存の問題の解法を知っていたとしても、新傾向の問題が解ける理由にはなりません。
　自己分析の結果、私は自分が問題を解くとき、できあがった「解法」ではなく、そのずっと手前にあるいくつかの「基本的な考え方」を試したり、それらを組み合わせているに過ぎないことに気が付きました。そして、たくさんの生徒さんを教えているうちに、この「基本的な考え方」を知っているかどうかこそ、数学ができる人と数学ができない人の決定的な差であると確信したのです。
　ですから、数学ができるようになるには数学の「基本的な考え方」をマスターすればよいのです。しかも、安心してください。その「基本的な考え方」にはそんなにバリエーションがあるわけではなく、両手で数えられるくらいしかありません。そこで本書では数学の「基本的な考え方」を「10のアプローチ」として第3部にまとめました。

言うなれば、これらのアプローチは解法を作りあげるための「種」のようなものです。「10のアプローチ」さえ手にしていれば、新しい問題に対する解法を自分で生み出すことができるようになります。もう未知の問題を目の前にしても怖くありません。

「10のアプローチ」の効能

　第3部で紹介する10のアプローチとは次のようなものです。

（1）　次数を下げる
（2）　周期性を見つける
（3）　対称性を見つける
（4）　逆を考える
（5）　和よりも積を考える
（6）　相対化する
（7）　帰納的に思考実験する
（8）　視覚化する
（9）　同値変形を意識する
（10）　ゴールからスタートをたどる

　数学ができる人は、問題を解こうとするときたいていこれらのアプローチを使います。
　「計算が複雑だな」⇒「次数を下げられないか？」
　「随分大きな数の計算だな」⇒「周期性があるんじゃないか？」
　「普通に考えると面倒だな」⇒「逆を考えてみよう！」
　「突然一般化するのは難しそうだ」⇒「思考実験しよう！」
　「証明の道筋がわからないな」⇒「ゴールからスタートをたどろう！」
といった感じです（詳しくは第3部をご覧ください）。

　そしてこの「10のアプローチ」が威力を発揮するのは問題を解くとき

ばかりではありません。数学ができる人は、未知の定理の証明や自分ができなかった問題の解法を見るとき、これらのアプローチのうち、どれを使っているかを明らかにしようとします。
　「おお、こんな所に対称性が潜んでいたか！」
　「まさかこの数列が視覚化できるとは思わなかったなあ」
　「この同値変形は見事だなあ」
　これができるようになると、定理の証明や解法において、今までは天から降ってきたかのようにしか思えなかった鮮烈な発想に理由があることがわかるようになります。そうなれば数学の天才たちが駆使した「論理」を追いかけられるようになります。「10のアプローチ」を手がかりに賢人たちの発想を紐解くことで、数学がずっと楽しくなることでしょう。

原理・原則・定義に戻って問題を分解する

　数学ができる人にはもう1つ大きな特徴があります。それは問題の対象になっている事柄について、その原理・原則・定義に戻ることができる、ということです。数学ができる人は皆、異口同音に
　「どんな応用問題も基本問題の組み合わせに過ぎない」
と言います。それは数学ができない人からすれば
　「ふん！　そんなの数学ができる人が格好つけて言ってるだけでしょ」
と思うことかもしれません。でも決して格好つけて言っているわけではないのです。確かにどんな問題も基本問題に分解することができます。ただし、その分解ができるようなるためには、その問題で扱われている事柄の原理・原則・定義がわかっていなければいけません。
　そもそも円周角って何だっけ？
　そもそも面積って何だっけ？
　そもそもベクトルって何だっけ？
　そもそも対数って何だっけ？
　そもそも微分って何だっけ？
といった「そもそも何なの？」という質問にいつでも答えられるように

なっていることが必要です。

　数学ができる人は、問題が難しければ難しいほど、その原理・原則・定義に戻っていきます。そして問題を細かく分解し、問題の本質を捉え、基本問題の集合として問題を解いていきます。

　第1部で「定理や公式の証明をする」という重要な勉強法を紹介しました。この姿勢を貫いて自分が使う定理や公式のすべてを証明できるようになっていれば、いつでも原理・原則・定義に戻ることができます。あとは恐れずにそこに戻る勇気を持てばよいのです。それは遠回りに思えるかも知れませんが、特に難問を解く際には最短距離であると言っても過言ではありません。

　第3部で数学の基本的な考え方として「10のアプローチ」をご紹介した後、第4部で「総合問題」として実際にそれらのアプローチを使いながら問題を解いていきます。そこでは、「私の頭の中」として問題を解くときに私がどのように原理・原則・定義にまで遡って問題を分解しているか、そしてどのように「10のアプローチ」の中からその問題に適したアプローチを使っていくかをできるだけ明文化することを試みました。参考にしていただければ幸いです。

第 3 部

どんな問題にも通じる10のアプローチ

［アプローチ その1］
次数を下げる

> **効能** 計算が楽になったり、立体図形が捉えやすくなったりする。

次数とは、簡単に言ってしまうと

$$x^n$$

の x の肩に乗っている n のことです。$3x^3$ なら3次、$\frac{1}{2}x^4$ なら4次です。
次数を下げる目的の1つは、計算を楽にすることです。一般に次数が1つ上がると計算は格段に面倒になります。
たとえば $(a+b)^n$ の展開式では

$$(a+b)^2 = a^2 + 2ab + b^2$$
$$(a+b)^3 = a^3 + 3a^2b + 3ab^2 + b^3$$
$$(a+b)^4 = a^4 + 4a^3b + 6a^2b^2 + 4ab^3 + b^4$$

と、次数が増えていくにつれてかなり複雑になっていくのがわかると思います。逆に、次数を下げることができれば、複雑で面倒なものが一挙にシンプルになります。ではいったいどのようなときに次数は下げられるのでしょうか？ 次の「1の3乗根」を例に考えていきましょう。

1の3乗根

1の3乗根とは、3乗して1になる数、すなわち

$$x^3 = 1 \quad \cdots ①$$

の解のことです。もちろん$x=1$は1つの解ですが、じつは解はこれだけではありません。話をすすめる前に重要な因数分解の公式をおさらいしておきましょう。

【因数分解の公式】
$$a^3 - b^3 = (a - b)(a^2 + ab + b^2)$$

右辺を計算すると確かに左辺になることは確かめておいてくださいね。
①の式で右辺の1を移項すると

$$x^3 - 1 = 0$$

上の因数分解の公式を使うと、

$$\begin{aligned}
& x^3 - 1 = 0 \\
\Leftrightarrow \quad & x^3 - 1^3 = 0 \\
\Leftrightarrow \quad & (x-1)(x^2 + x \cdot 1 + 1^2) = 0 \\
\Leftrightarrow \quad & (x-1)(x^2 + x + 1) = 0
\end{aligned}$$

と変形できます。すなわち

$$\begin{cases} x - 1 = 0 \\ \quad\text{あるいは} \\ x^2 + x + 1 = 0 \end{cases}$$

です（$AB=0$の話は後ほど「アプローチその5　和よりも積を考える」で詳しくお話します）。

　$x-1=0$の答は$x=1$ですが、問題は$x^2+x+1=0$です。
　これは残念ながら因数分解することができないので、2次方程式の解の

公式を使わなくてはなりません。

【2次方程式の解の公式】

$$ax^2 + bx + c = 0 のとき$$

$$x = \frac{-b \pm \sqrt{b^2 - 4ac}}{2a}$$

これより、

$$x^2 + x + 1 = 0 より$$

$$x = \frac{-1 \pm \sqrt{1^2 - 4 \cdot 1 \cdot 1}}{2}$$

$$= \frac{-1 \pm \sqrt{1 - 4}}{2}$$

$$= \frac{-1 \pm \sqrt{-3}}{2}$$

です。ここで$\sqrt{}$の中が負の数になってギョッとしないでください。こういうときのために虚数単位iというものが用意されています。虚数単位iとは2乗して負になる数（そういう数を虚数といいます）を表すために考えだされたもので、

【虚数単位i】

$$i^2 = -1$$
$$i = \sqrt{-1}$$

で定義されます。これを使うと$\sqrt{-3} = \sqrt{3}\,i$になって、先の2次方程式の解は

$$x = \frac{-1 \pm \sqrt{3}\,i}{2}$$

と求まります。

　ふぅ〜。お付き合い下さりありがとうございます。ちょっと横道にそれてしまいましたが、途中の式変形については今は飛ばし読みしてもらっても構いません（今頃言うな、と怒らないでくださいね！）。

　ここでわかってほしいのは、3乗して1になる数には1以外にとても複雑な数がある、ということです。そして、その複雑な数 $\frac{-1 \pm \sqrt{3}\,i}{2}$ をさらに2乗したり、5乗したりしなければならないとしたらどうでしょう？　そんな面倒な計算はできれば避けたいですよね。

　そこで次数下げが活躍します。ちょっと思い出してほしいのですが、この複雑な数は

$$x^2 + x + 1 = 0$$

の解でしたね……ということは、

$$\frac{-1 \pm \sqrt{3}\,i}{2} = \omega$$

とすると（ωは"オメガ"と読むギリシャ文字です。wではありません）、ωは上の2次方程式の解ですから、上の式に代入することができて、

$$\omega^2 + \omega + 1 = 0$$

が成り立つことになります。ここで次のように式変形してみましょう。

$$\omega^2 = -\omega - 1$$

またωはもともと $x^3 = 1$ の解でしたから、この式にも代入できて

$$\omega^3 = 1$$

も成り立つことになります。

まとめますと

$$\begin{cases} \omega^2 = -\omega - 1 \\ \omega^3 = 1 \end{cases} \cdots ☆$$

となります。

　さあ、ここからが重要です！
　☆の上の式は左辺が2次式、右辺が1次式
　☆の下の式は左辺が3次式、右辺が0次式（定数項）
になっています。つまり☆の式は次数下げになっているのです！　たとえば、ωの4乗を求めたいとします。
　このとき、☆の式を使うと

$$\begin{aligned} \omega^4 &= \omega \cdot \omega^3 \\ &= \omega \end{aligned}$$

となって随分簡単になりますね。ではωの11乗はどうでしょう？　これも☆の式を使って

$$\begin{aligned} \omega^{11} &= \omega^2 \cdot \omega^9 \\ &= \omega^2 \cdot (\omega^3)^3 \\ &= (-\omega - 1) \cdot 1^3 \\ &= -\omega - 1 \end{aligned}$$

と、1次式にすることができます。それでは調子に乗ってωの30乗ではどうでしょうか？　これも☆の式を使って次数を下げることができます。

$$\begin{aligned} \omega^{30} &= (\omega^3)^{10} \\ &= 1^{10} \\ &= 1 \end{aligned}$$

これはなんと！　定数項になってしまいました。

このようにωの計算では☆の式を使うことによってどんな計算も必ず1次式以下に次数を下げることができるのです。

このことのありがたみは、ωに例の複雑な数を代入してみると一層はっきりします。上の結果より、

$$\left(\frac{-1\pm\sqrt{3}i}{2}\right)^4 = \frac{-1\pm\sqrt{3}i}{2}$$

$$\left(\frac{-1\pm\sqrt{3}i}{2}\right)^{11} = -\frac{-1\pm\sqrt{3}i}{2} - 1$$

$$= \frac{+1\mp\sqrt{3}i - 2}{2}$$

$$= \frac{-1\mp\sqrt{3}i}{2}$$

$$\left(\frac{-1\pm\sqrt{3}i}{2}\right)^{30} = 1$$

です。

左辺はとてもじゃないけれど手計算する気になりませんが、右辺の計算は驚くほど楽になっていますね。これが次数下げの醍醐味です。

ここでは1の3乗根（ω）を扱いましたが、数Ⅱで出てくる「剰余の定理」や「三角関数の半角の公式」、数Cの「ケイリー・ハミルトンの定理」なども次数下げの応用例です。

図形における「次数」下げ

それでは次に図形問題にかかります。次数と同じ「次」を用いた「次元」を下げることは図形問題、特に立体図形を考えるときには大変重要なことです。次の図を見てください。

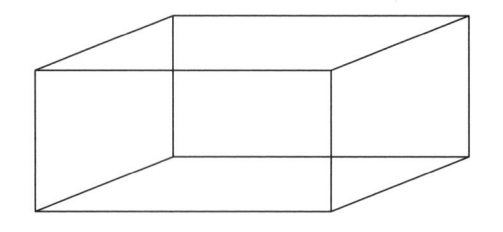

直方体ですね。こういう図を見取り図と言います。

　ただし、この図を見て私たちが「直方体だ」と思うのは、じつは教育の賜物です。言い方を変えれば私たちはこれが直方体だと「洗脳」されています。それが証拠にアメリカンインディアンなど算数や数学の教育を受けたことのない人にこの図を見せても、誰も直方体だとは思わないそうです。それもそのはず、直方体はすべての角が直角ですが、この図ではどの角も直角にはなっていません。3次元（空間）のものを2次元（平面）に落としこんでいるのですから、歪みが出るのは当たり前といえば当たり前ですが、見取り図は全体の雰囲気を何となく伝えてくれるだけで正しい情報はほとんど教えてくれないのです。

　ですから立体図形を考えるとき、見取り図で考えようとすると、私たちはしばしば錯覚に陥ってしまいます。実際は同じ長さの2つの辺が違う長さに見えたり、本当は直角であるはずの角が直角に見えなかったりするのです。では、どうしたらよいでしょうか？
　そこで、==次元を下げることを考えます。==3次元を2次元に、すなわち、空間図形の中の必要な部分を抜き出し、平面図を書きます。抜き出した平面図には嘘がありませんので見えたままに考えていくことができます。つまり、扱う図形の次元を落とすことで、ぐっと扱いやすくなります。

　例題をやってみましょう。

問題 1辺の長さが8cmの立方体ABCD－EFGHの辺CD、BCの中点をそれぞれM、Nとする。このとき、四角形MHFNの面積を求めなさい。

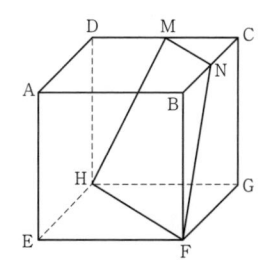

ここで大事なことはまず四角形MHFNを抜き出して平面図を書いてみることです。その際にMHとNFの長さが同じになることを見抜けるでしょうか？

見取り図だけを見ているとMHとNFの長さは違うように錯覚してしまった人もいるかもしれませんね。しかし正方形DHGCと正方形BFGCの平面図を書いてMとNがそれぞれCDとBCの中点であることに気をつければMH＝NFであることは一目瞭然です。

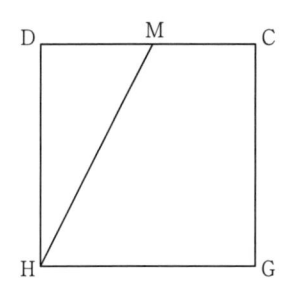

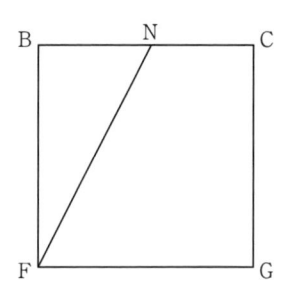

よって四角形MHFNの平面図を書くとMH＝NFのいわゆる等脚台形になることがわかると思います。

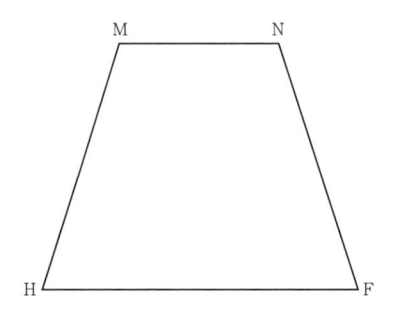

このあとは三平方の定理（30頁）を何度も使っていきます。まずはMNの長さを出しましょう。△MNCの平面図を書けば三平方の定理を使って

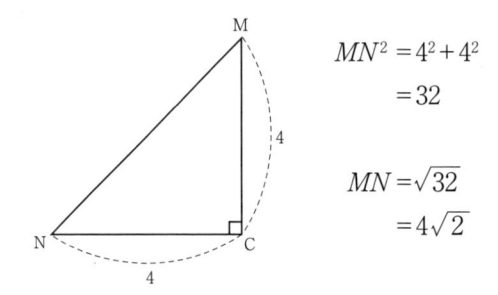

$$MN^2 = 4^2 + 4^2$$
$$= 32$$

$$MN = \sqrt{32}$$
$$= 4\sqrt{2}$$

と容易にわかります。

また△HFGは△MNCと相似で大きさが2倍ですから

$$HF = 2 \times MN$$
$$= 2 \times 4\sqrt{2}$$
$$= 8\sqrt{2}$$

ですね。

以上を四角形MHFNの図に書きこんでいくと、

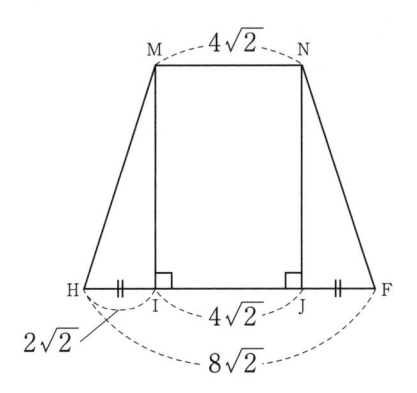

のようになります。ここでHIとJFは同じ長さなので、

$$HI = JF = (8\sqrt{2} - 4\sqrt{2}) \div 2 = 2\sqrt{2}$$

であることに注意です。

　さあ、あともう一息です。台形の面積は

$$（上底＋下底）×高さ÷2$$

でしたから、後は高さ（MIやNJの長さ）がわかれば□MHFNの面積は求めることができそうです。

　ここで△MHIは直角三角形ですからまた三平方の定理が使えそうですね。でも、三平方の定理を使ってMIの長さを出すためにはMHの長さがわからなければいけません。そこで、直方体の見取り図から△DHMを抜き出します。△DHMを書いてみるとやはりこれも直角三角形です。

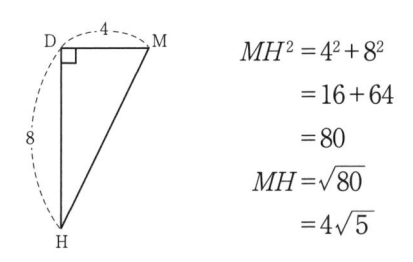

$$\begin{aligned} MH^2 &= 4^2 + 8^2 \\ &= 16 + 64 \\ &= 80 \\ MH &= \sqrt{80} \\ &= 4\sqrt{5} \end{aligned}$$

それではいよいよMIの長さを求めていきます。前頁の図で△MHIに三平方の定理を再度用いると

$$MH^2 = HI^2 + MI^2$$

これに、これまでにわかっている値（MH＝$4\sqrt{5}$、HI＝$2\sqrt{2}$）を代入すると

$$(4\sqrt{5})^2 = (2\sqrt{2})^2 + MI^2$$
$$80 = 8 + MI^2$$
$$MI = \sqrt{72}$$
$$= 6\sqrt{2}$$

と高さが求まりました。ふぅ……いったい何回三平方の定理を使うのでしょうね。でも、これですべて準備は整いました。台形MHFNの面積は

$$（上底＋下底）×高さ÷2$$

を使って

$$(4\sqrt{2} + 8\sqrt{2}) \times 6\sqrt{2} \div 2 = 72 \ [\text{cm}^2]$$

と求まります。

　いかがでしたでしょうか？　途中の三平方の定理を使った計算はここでは重要ではありません（またか！）。大切なのは見取り図から何度も平面図を抜き出していることです。見取り図という3次元から平面図という2次元に次元を落として考えることで1つ1つは簡単に感じてもらえたのではないでしょうか？

　このように次数や次元を下げることは数学において、面倒な計算を楽にしたり、複雑なものをシンプルに考えられるようにするためにとても大事な考え方です。これからは計算が面倒に感じたとき、あるいは立体図形が扱いづらく感じたとき、次数や次元を下げることができないか？　を考え

るようにしてみてください。

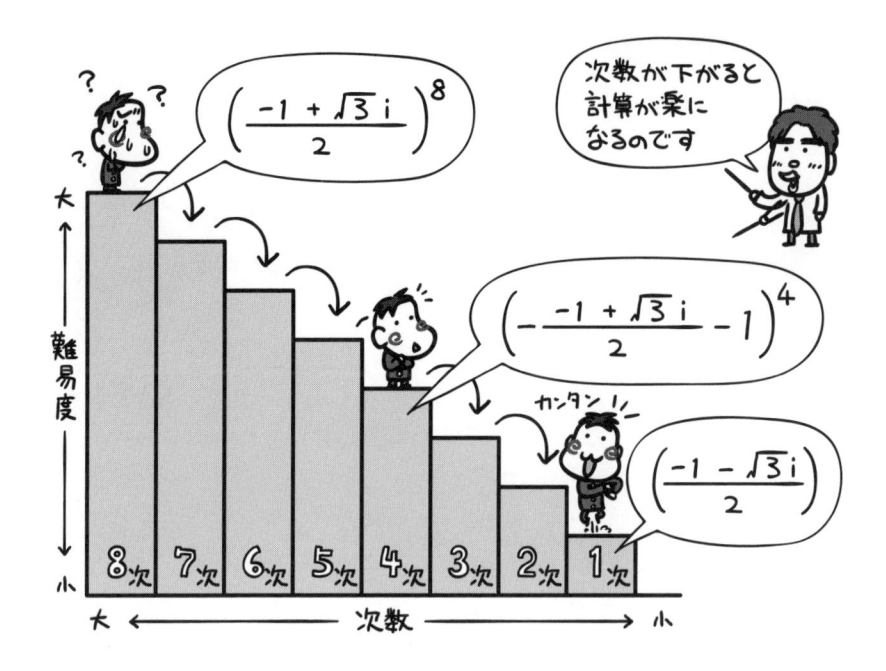

［アプローチ その2］
周期性を見つける

> **効能** 無限に続く数や、非常に大きい数を捉えることができる。

言うまでもありませんが、数に限りはありません。大きい方にも小さい方にも永遠に数は続いています。そんな無限の拡がりを持つ数を扱うにはどうしたらよいでしょうか？

そのヒントは「周期性」にあります。前節の「次元を下げる」が「大→小」の方向を持つアプローチだとしたら、今回の「周期性を見つける」は「小→大」の方向のアプローチです……と言われてもイメージがわかないと思いますので、具体的に考えてみますね。

$$0, 1, 2, 3, 4, 5, 6, 7, 8, 9, 10, 11$$

と、0～11までの数を羅列してみました。これでは単に12個の数が並んでいるだけですが、これらの数を3で割ってみる（3を選んだのはたまたまです）と

$$\left. \begin{array}{l} 0 \div 3 = 0 \ldots 0 \\ 1 \div 3 = 0 \ldots 1 \\ 2 \div 3 = 0 \ldots 2 \end{array} \right\}$$

$$\left. \begin{array}{l} 3 \div 3 = 1 \ldots 0 \\ 4 \div 3 = 1 \ldots 1 \\ 5 \div 3 = 1 \ldots 2 \end{array} \right\}$$

$$6 \div 3 = 2 \ldots 0$$
$$7 \div 3 = 2 \ldots 1$$
$$8 \div 3 = 2 \ldots 2$$

$$9 \div 3 = 3 \ldots 0$$
$$10 \div 3 = 3 \ldots 1$$
$$11 \div 3 = 3 \ldots 2$$

のように余りが「0, 1, 2」の繰り返しになります。このように一定の間隔で同じ値を繰り返すことを周期性といい、==周期性を見つけることで無限の数にアプローチすることができます。==上の例のように、3で割ったときの余りで分類すると、どのような数も3つに分類することができます。

別の表現をすれば、すべての数は

$$3n,\ 3n+1,\ 3n+2$$

のいずれかの形で表せるということです。たとえば2010、2011、2012はそれぞれ、

$$2010 = 3 \times 670$$
$$2011 = 3 \times 670 + 1$$
$$2012 = 3 \times 670 + 2$$

となります。私は最初にこの話を知ったとき興奮しました（笑）。無限だと思っていた数がたった3つに分類できるなんて！（もちろん2で割ったときの余りで分類すれば偶数と奇数の2つに分類することも可能です。）

しかも単に分類できるだけなく、表れる余りは常に規則正しく「0, 1, 2」の順番に並んでいます。つまり、3で割り切れる数も、3で割ったときに1余る数も、2余る数も、必ず3つおきに並んでいるのです。こう書いてしまうと「そんなの当たり前だ」と思われるかもしれませんが、このことは整数論の最初に学ぶ「合同式」（114頁）の基礎になっています。==無限に続いていく数や非常に大きい数を捉えたいとき、まずそこに周期==

性がないかを調べることは、数学的に大変効果的なアプローチです。

カレンダーがなくても困らない？

　身近な例です。たとえば3月1日が木曜日である年があるとします。同じ年の3月30日は何曜日でしょうか？
　曜日は

$$月、火、水、木、金、土、日、月、火……$$

と7日ごとに同じ曜日を繰り返すので、7日後は必ず同じ曜日なりますね。3月30日は3月1日の29日後ですが、

$$29 \div 7 = 4 \cdots 1$$

より、29は7で割ると余りが1です。よって、3月30日の曜日は3月1日の木曜日の次の曜日、すなわち金曜日だとわかります。
　これは小学生も取り組む簡単な問題ですが、考える際に、曜日は7日ごとに繰り返すという周期性を用いています。未来は永遠に続いていくので、それを捉えることは不可能なように思われます。でも曜日に関しては、7日という周期が存在することで、たとえ100年先でも1000年先でも、その日の曜日を計算によって求めることができるのです。これこそが周期性を見つけることの醍醐味です。

　ではちょっと趣向を変えて、こんなクイズはどうでしょう？

> **問題**　ある年の3月、Aさんは旅行の予定を立てるために、その年の7月と11月の日曜日の日付を知りたいと思ったのですが、月めくりのカレンダーは5月以降が破れてしまっていました。でもAさんは少しも困らずに目的を果たしました。なぜでしょうか？

【答え】
　3/1～3/30と11/1～11/30、4/1～4/30と7/1～7/30は曜日と日付の構成が同じになることを知っていたから（31日は除く）。

　え？　と思った人もいるかも知れませんね。どういうことでしょうか？
　3月以降、各月の日数は4月と6月と9月と11月が30日、他の月は31日です。3月～10月までの日数を足し合わせると、

$$31 + 30 + 31 + 30 + 31 + 31 + 30 + 31 = 245$$
$$245 \div 7 = 35$$

となり、245は1週間の日数の7で割り切れるので、3/1～3/30と11/1～11/30は日付と曜日の構成が同じになるのです。

　同様に4月～6月までの日数を足し合わせると

$$30 + 31 + 30 = 91$$
$$91 \div 7 = 13$$

となり、91も7で割り切れるので、4/1～4/30と7/1～7/30は日付と曜日の構成が同じになります。

というわけで、3/1〜3/30と11/1〜11/30、4/1〜4/30と7/1〜7/30は毎年曜日の構成が同じです。よかったらカレンダーで確認してみてください。

合同式とは

　先ほど「どんな数も3で割った余りで分類すると3つに分類できて、しかもそこには周期性がある」ということを知って興奮したと書きましたが、ドイツの数学者ガウスも、同じようにこの事実に興奮して（かどうかは定かではありませんが）19世紀の初めに、「整数nを決めたとき、あらゆる整数は、nで割ったときの余りによってn通りに分類できる」ことから、「合同式」というものを考え出しました。

　合同式は厳密には高校数学の範囲外のため（予備校などでは教えるところもあります）、多くの人には馴染みがないと思いますが、整数に関する問題を解く際の強力なテクニックというだけでなく、整数の周期性を実感する上でも大変有意義ですので、少し詳しく説明したいと思います。

> 平成24年度の高校1年生から実施されている新指導要領でも合同式は「範囲外」ですが、数Aに新設された「整数の性質」という単元の中で、多くの教科書や参考書に「補足」や「発展」として取り上げられています。

　0〜11の整数を3で割ったときの余りが周期的に変化することは冒頭でも触れました。
　それを、周期性をより実感してもらうために次のような図にしてみます（まさに周回するイメージです）。

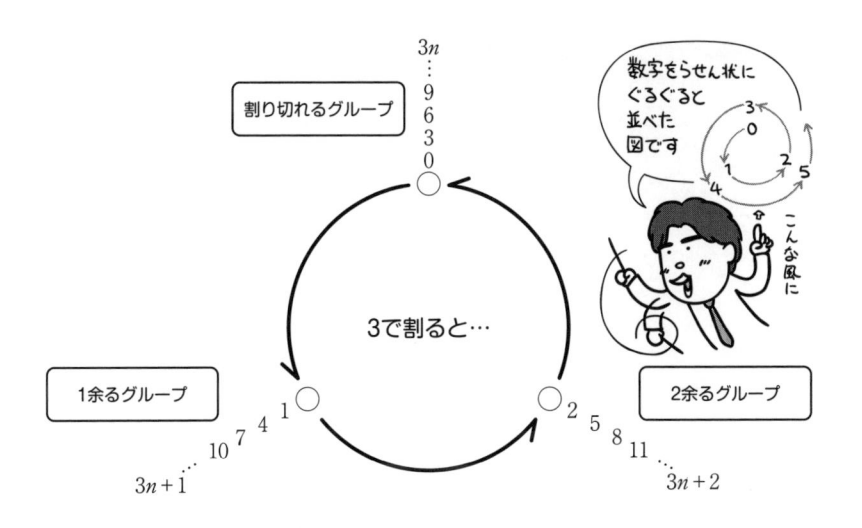

第3部　どんな問題にも通じる10のアプローチ

```
       3n
       ⋮
       9
       6
       3
割り切れるグループ  0

         3で割ると…

1余るグループ   1          2   2余るグループ
      10 7 4            5 8 11
      ⋮                   ⋮
      3n+1              3n+2
```

数字をらせん状にぐるぐると並べた図です

こんな風に

円に沿って、0, 1, 2, 3,…と書いていくと、余りが同じになる数どうしが同じ場所に来ることがわかると思います。ここで3で割ったときに余りが同じになる数どうしを、

「3を法として合同である」

と言い、たとえば

$$4 \equiv 1 \pmod{3}$$

のように書きます。これが合同式です。ここでmodの記号は割る数（法）を表しています。

一般に「$m \div n = q \cdots r$」のとき、
　　　　　n（割る数）を「法（modulus）」
　　　　　q（答え）を「商（quotient）」
　　　　　r（余り）を「剰余（residue）」

と言います。

ではこれを一般化してみましょう。

【合同式】

a を m で割ったときの余りと b を m で割ったときの余りが同じであるとき

$$a \equiv b \pmod{m}$$

と書き、「a と b とは m を法として合同である」という。
このとき、上記の式を合同式という。

例)

$$3 \equiv 1 \pmod{2}$$
$$27 \equiv 2 \pmod{5}$$
$$35 \equiv 700 \pmod{7}$$

合同式は単に余りが同じであることを示すだけではありません。たとえば、7で割ったとき、10と17は余りが3で、9と16は余りが2なので

$$10 \equiv 17 \pmod{7}$$
$$9 \equiv 16 \pmod{7}$$

と書けますが、このとき 10 + 9 と 17 + 16 は 7 で割ったときの余りがともに 3 + 2(5) になりますから、やはり 7 で割ったときの余りが同じになります。すなわち

$$10 + 9 \equiv 17 + 16 \pmod{7}$$

です。
　これと同様のことが引き算、掛け算（累乗）でも成立するので合同式には次のような性質があります。

$a \equiv b \pmod{m}$, $c \equiv d \pmod{m}$ であるとき	例) $10 \equiv 17 \pmod{7}$ ［余りが3］ $9 \equiv 16 \pmod{7}$ ［余りが2］
① $a + c \equiv b + d \pmod{m}$	① $10 + 9 \equiv 17 + 16 \pmod{7}$ ［余りが $3 + 2 (5)$］
② $a - c \equiv b - d \pmod{m}$	② $10 - 9 \equiv 17 - 16 \pmod{7}$ ［余りが $3 - 2 (1)$］
③ $ac \equiv bd \pmod{m}$	③ $10 \times 9 \equiv 17 \times 16 \pmod{7}$ ［余りが $3 \times 2 (6)$］
④ $a^n \equiv b^n \pmod{m}$	④ $10^4 \equiv 17^4 \pmod{7}$ ［余りが $3^4 (81 \to 4)$］ （∵ $81 \div 7 = 11 \cdots 4$）

①〜④は、つまり

「合同式は、普通の等式と同じように
　足し算・引き算・掛け算（累乗）ができる」

ことを意味しています（割り算はある条件が必要になりますが少し難しくなるのでここでは割愛します）。

以上を先ほどと同じように周回するイメージで図にしてみます。

a と b を m で割ったときの余りを r
c と d を m で割ったときの余りを s

とすると、

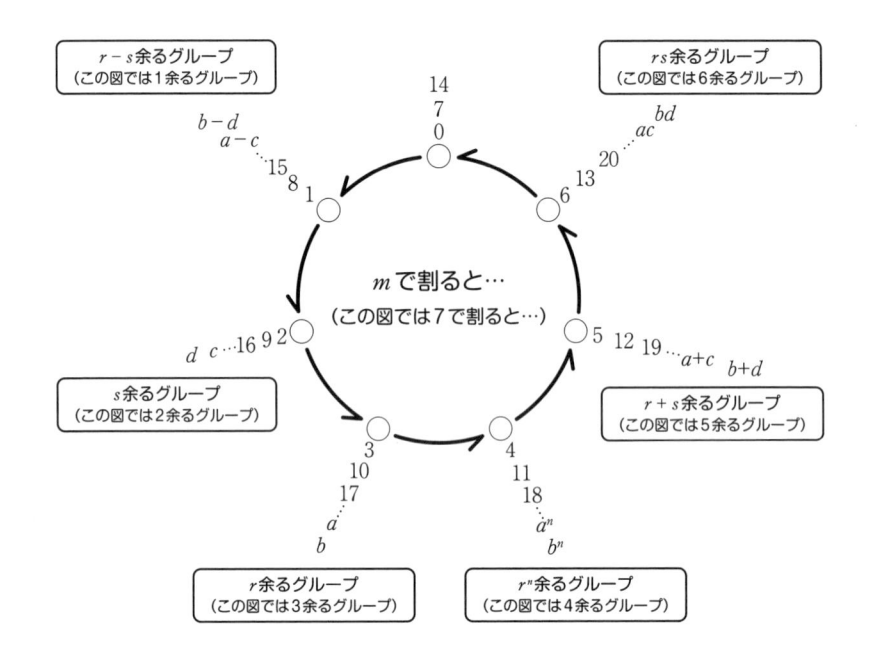

図中ラベル:
- $r-s$ 余るグループ（この図では1余るグループ） $b-d$, $a-c$ … 15, 8, 1
- rs 余るグループ（この図では6余るグループ） bd, ac … 20, 13, 6
- mで割ると…（この図では7で割ると…）
- 14, 7, 0
- $r+s$ 余るグループ（この図では5余るグループ） $a+c$, $b+d$ … 19, 12, 5
- s 余るグループ（この図では2余るグループ） d, c … 16, 9, 2
- r 余るグループ（この図では3余るグループ） a, b … 17, 10, 3
- r^n 余るグループ（この図では4余るグループ） a^n, b^n … 18, 11, 4

こんな感じになります。こうして見ると直感的に「当たり前」な気がしますね。……と、これでおしまいにしてしまうと
　「いやいや、当たり前ではないだろう」
という人に叱られますので、しっかりと式を使って証明していきます（ちなみに今後出てくる文字はすべて整数ということにします）。

まずは準備です。算数では、割り算の計算は

$$15 \div 7 = 2 \cdots 1 \quad (15 \div 7 \text{は商が2で余りが1})$$

のような書き方をしますが、数学では同じことを

$$15 = 7 \times 2 + 1$$

という風に表します。一般には

> $a \div m = p \cdots r$ （$a \div m$ は商が p で余りが r）のとき
> $$a = mp + r$$

です。

> 【文字式が苦手な人へ】
> この先はたくさんの文字が出てくるので目がチカチカするかもしれません。そういう人は、この後の2ページを読み飛ばしてもらっても構いません。でも！この本を読み終わり、文字式に慣れてきたら必ずこのページに戻ってきて下さいね。式変形はできるだけ丁寧に書いていますので、きっと理解してもらえると思います！

$a \equiv b \pmod{m}$ のとき、a と b は m で割ったときの余りが同じなので、同じ余りを r とすると、

$$a = mp + r$$
$$b = mp' + r$$

と書けます（p と p' はそれぞれの商）。

同じく、$c \equiv d \pmod{m}$ のときは、c と d を m で割ったときの余りを s とすると

$$c = mq + s$$
$$d = mq' + s$$

となります（q と q' はそれぞれの商）。

このとき、$a + c$ を計算してみると

$$a + c = (mp + r) + (mq + s)$$
$$= m(p + q) + r + s$$

となりますが、これは $a + c$ を m で割ると余りが $r + s$ になることを示しています（厳密には $r + s$ が m を超えてしまうときは余りは $r + s - m$）。

同じように $b + d$ も計算してみると、

$$b + d = (mp' + r) + (mq' + s)$$
$$= m(p' + q') + r + s$$

となりますね。これは $b+d$ を m で割ると余りが $r+s$ になることを示しています（厳密には $r+s$ が m を超えてしまうときは余りは $r+s-m$）。

以上から、$a+c$ も $b+d$ も m で割ったときの余りが同じになるので、

$$a + c \equiv b + d \pmod{m}$$

と書けます。これで①の証明ができました！

次は②ですが、同じような計算によって、

$$a - c = (mp + r) - (mq + s)$$
$$= m(p - q) + r - s$$
$$b - d = (mp' + r) - (mq' + s)$$
$$= m(p' - q') + r - s$$

となります。つまり $a-c$ も $b-d$ も m で割ったときの余りが同じになるので、

$$a - c \equiv b - d \pmod{m}$$

です。

次は③の証明です。さっきよりちょっと計算が面倒ですが

$$ac = (mp + r)(mq + s)$$
$$= m^2 pq + mps + mrq + rs$$
$$= m(mpq + ps + rq) + rs$$
$$bd = (mp' + r)(mq' + s)$$
$$= m^2 p'q' + mp's + mrq' + rs$$
$$= m(mp'q' + p's + rq') + rs$$

となります。ac も bd も m で割ったときの余りが同じですから、

$$ac \equiv bd \pmod{m}$$

です。はい、これで③も示せたことになります。

④の証明には③を使います。③は、普通の等式における

$$a = b,\ c = d \Rightarrow ac = bd$$

と同じことが合同式でもできることを示しているので、

$$a = b \Rightarrow a^2 = b^2 \Rightarrow a^3 = b^3 \Rightarrow \cdots \Rightarrow a^n = b^n$$

であることから

$$a \equiv b \pmod{m} \Rightarrow a^n \equiv b^n \pmod{m}$$

が成り立つことがわかります。

以上で、①〜④の証明ができました！＼(^o^)／ お付き合いありがとうございました（読み飛ばした人はここから読んでください）。

では合同式に慣れるために、問題を解いてみましょう。

問題

13^{2000} を 12 で割ったときの余りを求めなさい。

13^{2000} なんて計算できるわけがありませんね。でも合同式の性質を使えば大丈夫。13 を 12 で割ったときの余りは 1 で、1 を 12 で割ったときの余りも当然 1 ですから、

$$13 \equiv 1 \pmod{12}$$

ここで合同式の性質の④より、

$$13^{2000} \equiv 1^{2000} \equiv 1 \pmod{12}$$

がすぐにわかります。よって、13^{2000} を12で割ったときの余りは1です。

では最後に、周期性を使って、次のような大学の入試問題にチャレンジしてみましょう。

問題 数列 $\{a_n\}$ を、
$$a_1 = 1,\ a_2 = 1,\ a_{n+2} = a_{n+1} + a_n\ (n = 1, 2, 3\cdots)$$
で定義する。$\{a_n\}$ が3の倍数であるときの n の条件を求めなさい。

［大阪工業大学］

この数列は第2部でも登場したフィボナッチ数列ですね（54頁）。

> このように隣りあう数列の関係を表した式を漸化式と言います。漸化式にはいろいろなタイプがありますが、
> $$a_{n+1} = pa_n + q$$
> の形をしたものは隣接2項間漸化式、
> $$a_{n+2} = pa_{n+1} + qa_n + r$$
> の形をしたものは隣接3項間漸化式と呼ばれます。
> フィボナッチ数列は $p=1$、$q=1$、$r=0$ のときの隣接3項間漸化式です。

隣接3項間の漸化式を解ける人は、この数列の一般項（n が入った式）が

$$a_n = \frac{1}{\sqrt{5}} \left\{ \left(\frac{1+\sqrt{5}}{2}\right)^n - \left(\frac{1-\sqrt{5}}{2}\right)^n \right\}$$

となることを求められるかもしれません（求められなくても心配ご無用）。しかし、この式から n がどんな条件のときに a_n が3の倍数になるかを考え

るのは……気が遠くなります。ここでは一般項から考えるのは潔く諦めましょう。

　この数列は永遠に続きます。もし一般項を使わないのであれば、何らかの周期性が見つからない限り、この数列を捉えることは不可能だろうと決め込んでしまってもいいと思います。そこで、周期性を見つけるために漸化式通りに具体的に最初の何項かを求め、それを3で割ったときの余りを調べてみましょう。

項	a_1	a_2	a_3	a_4	a_5	a_6	a_7	a_8	a_9	a_{10}
数	1	1	2	3	5	8	13	21	34	55
余り	1	1	2	0	2	2	1	0	1	1

　ここで、先ほど学んだ合同式の考え方を使っていきます。

> 合同式とはそもそも、整数の割り算の「余り」には周期性があることから考え出された手法なので
>
> 　　　　　整数の割り算の余りに周期性を見つけたい
> 　　　　　　　　　　　　↓
> 　　　　　　　　　合同式を使おう！
>
> と考えるのは自然な発想です。

　今、

$$a_{n+1} = 3p + k$$
$$a_n = 3q + l \quad (k, l は 0, 1, 2 のいずれかの整数)$$

だとすると、
a_{n+1} を3で割った余りは k、k を3で割った余りも k より

$$a_{n+1} \equiv k \pmod{3}$$

同じく a_n を3で割った余りは l、l を3で割った余りも l より

$$a_n \equiv l \pmod{3}$$

です。今、問題で与えられた漸化式は

$$a_{n+2} = a_{n+1} + a_n$$

なので、ここで合同式の性質①を使うと

$$a_{n+2} \equiv a_{n+1} + a_n \equiv k + l \pmod{3}$$

ですね。つまり、a_{n+2} を3で割ったときの余りを調べるには a_{n+1} と a_n を3で割ったときの余りを調べて、それらを足しあわせればよいのです。

……ということは、表の中で余りが2つ連続して前と同じになっているところがあれば、その後はずっと同じ余りのパターンが続くことになります！

> 今、「え？ 何言っているの？」と思った人も具体的にやってみればすぐわかりますので、もうちょっと辛抱してください。

それでは改めて123頁の表を見て、2つの余りが連続で前と同じになっている所を探しましょう。ありましたか？

そうですね、第9項と第10項の余りが初項と第2項の余りと一致しています（グレーのアミかけにしておきました）！ つまり、

$$a_1 \equiv a_9 \pmod{3}, \quad a_2 \equiv a_{10} \pmod{3}$$

です。合同式の性質①より

$$a_2 + a_1 \equiv a_{10} + a_9 \pmod{3}$$

ゆえに、問題の漸化式（$a_{n+2} = a_{n+1} + a_n$）から

$$a_3 \equiv a_2 + a_1 \equiv a_{10} + a_9 \equiv a_{11} (mod\ 3)$$
$$\therefore a_3 \equiv a_{11}\ (mod\ 3)$$

であることがわかります。以下これを繰り返していくと

$$a_2 \equiv a_{10}\ (mod\ 3), \quad a_3 \equiv a_{11}\ (mod\ 3)$$

より

$$a_4 \equiv a_3 + a_2 \equiv a_{11} + a_{10} \equiv a_{12}(mod\ 3)$$
$$\therefore a_4 \equiv a_{12}\ (mod\ 3)$$

$$a_3 \equiv a_{11}(mod\ 3), \quad a_4 \equiv a_{12}(mod\ 3)$$

より

$$a_5 \equiv a_4 + a_3 \equiv a_{12} + a_{11} \equiv a_{13}(mod\ 3)$$
$$\therefore a_5 \equiv a_{13}(mod\ 3)$$

……と続くわけです。つまりこの数列は一般に

$$a_n \equiv a_{n+8}(mod\ 3)$$

となることがわかりました！

よって、この数列を3で割ったときの余りの周期は8です。一方、最初の8項のうち、a_4とa_8とが3で割り切れますので、

$$a_4 \equiv a_{12} \equiv a_{20} \equiv a_{28} \equiv \cdots \equiv 0(mod\ 3)$$
$$a_8 \equiv a_{16} \equiv a_{24} \equiv a_{32} \equiv \cdots \equiv 0(mod\ 3)$$

です。以上より、$\{a_n\}$のnが

$$4, 8, 12, 16, 20, 24, 28, 32, \cdots$$

のとき$\{a_n\}$は3で割り切れるので、$\{a_n\}$が3の倍数であるときのnの条件はnが4の倍数であることです。

いかがでしたでしょうか？ 最後はちょっと難しかったかもしれませんが、ここで私が強調したいのは、周期性を見つけることができると非常に大きい数や無限に続く数が捉えられるようになる、ということです。

数学において、隠れた規則をあぶり出そうとすることは、非常に重要な姿勢ですが、周期性は数学の規則の中で最も基本的なものです。一見、何の規則もないように思えるものに、まず周期性がないかどうかを調べることは、規則を見つけ出すための大きなヒントになることでしょう。

高校数学の中に出てくる周期性の応用例としては、他にも三角関数やn次導関数などがあります。

第 3 部　どんな問題にも通じる 10 のアプローチ

［アプローチ その3］
対称性を見つける

> **効能**　見えているものをある全体の一部として捉えることで、情報量が増えて、既知の論理や性質を適用できるようになる。

「対称」とはものとものとが互いに対応してつりあいが取れていることを言います（左右対称など）。数学で対称性を見つけたり、使ったりすることがなぜ大切かと言いますと、あるものをそれと対称になっている他のものと対にすることで、隠れていた「全体」が見えて、情報量が飛躍的に増え、すでにわかっている性質や論理が使えるようになるからです。捉えづらかった問題が対称性の発見によって、一挙に解決することは珍しくありません。まずは図形の対称からみていきましょう。

図形の対称

> **問題**　下の図でPは直線 l 上の点です。AP + PB が最短になるようにするにはPをどこに取ればよいでしょうか？

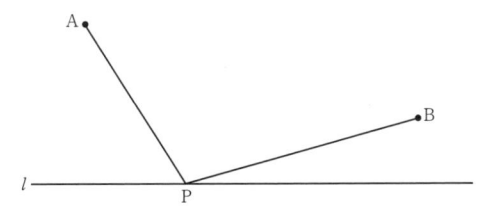

この問題は点Bの、直線lに関して対称な点を考えれば一挙に解決します。

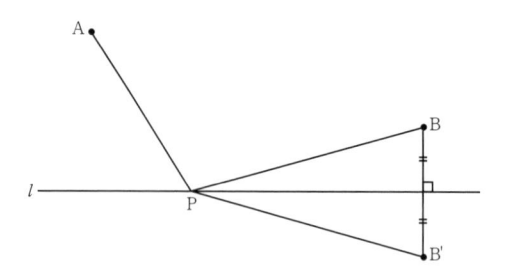

　lの反対側にBの対称点B′を取ります。そうすると、△PBB′は二等辺三角形になります。すなわち、PB = PB′です。よって

$$AP + PB = AP + PB'$$

となり、AP + PB′の長さが最短になるようなPの位置を求めればよいことになります。2点を結ぶ距離は直線が最短なので、下の図のようにPが直線AB′上の点P_0にあるときに、AP + PB′の長さが最短になることは明らかです。

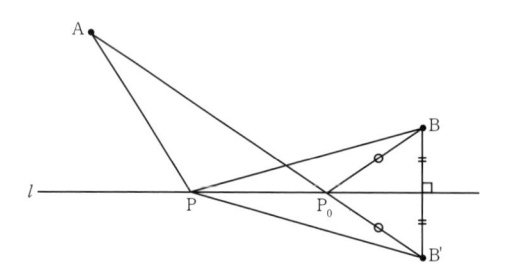

　これは古典的な問題ですが、Bの対称点を使うことによって、lの下側にまで視野が拡がり、PBを二等辺三角形の一部だと捉えることができて、「2点を結ぶ距離は直線が最短になる」というよく知られた事実を使うこ

とができました。

図形問題で対称性を見つけるとうまくいく例として、もう少し骨のあるものも紹介します。

問題 下の図のような長方形ABCDを、頂点Bが辺ADを3等分する点Eに重なるように折り返すとき、FGの長さを求めなさい。

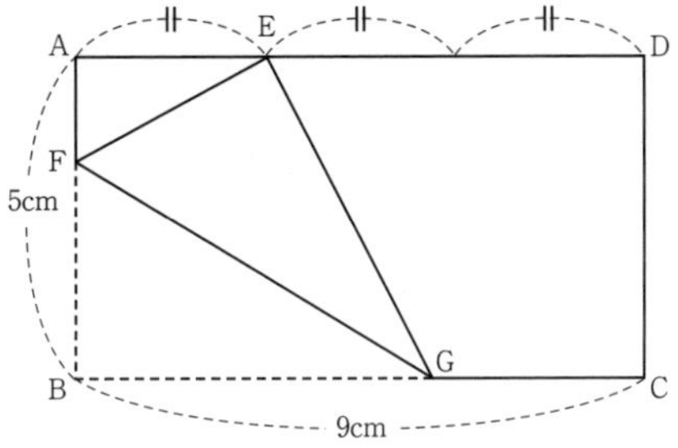

これは計算がちょっと複雑になります。

ポイントは、折り返した図形は折り返す前の図形と線対称（鏡に映したような関係）になるということです。これにより△FBGと△FEGが同じ三角形（合同）であることがわかるので、

∠FEG = 90°（△FEGは直角三角形）
FB = FE
BG = EG

などがわかり、これらと三平方の定理を何回も使うことによって、

$$FG = \frac{17\sqrt{34}}{15}$$

と求めることができます。余力のある人はぜひ、確かめてみてください。

次は、式の中の対称です。

対称式

数式にはその名も対称式という式があります。

> 【対称式】
> 　　　文字を入れ替えても同じ式になる多項式。

例）2文字の場合

$$x+y、xy、x^2+y^2、x^3+y^3、\frac{y}{x}+\frac{x}{y} \text{など。}$$

このうち、$x+y$とxyは基本対称式と呼ばれます。対称式が重要なのは、どんな対称式も必ず基本対称式で表すことができる、という性質があるからです（証明はやや難解ですので、ここでは割愛します）。

上の例でみると、

$$x^2+y^2=(x+y)^2-2xy$$
$$x^3+y^3=(x+y)^3-3xy(x+y)$$
$$\frac{y}{x}+\frac{x}{y}=\frac{(x+y)^2-2xy}{xy}$$

と、確かに基本対称式の$x+y$とxyで表すことができます。この対称式の性質を用いて、こんな大学入試問題をやってみましょう。

> **問題** $a \neq b$、$a^2+\sqrt{2}\,b=\sqrt{3}$、$b^2+\sqrt{2}\,a=\sqrt{3}$のとき、
> $$\frac{b}{a}+\frac{a}{b}$$
> の値を求めなさい。
> 　　　　　　　　　　　　　　　　　　　　　　　［実践女子大学］

さあ、まずここで気づかなければいけないのは、値を求めたい式

$$\frac{b}{a} + \frac{a}{b}$$

が対称式であるということです。そして対称式であれば必ず基本対称式（$a+b$やab）に変形することができるはずですから、与えられた

$$a^2 + \sqrt{2}\,b = \sqrt{3} \quad \cdots ①$$
$$b^2 + \sqrt{2}\,a = \sqrt{3} \quad \cdots ②$$

の2つの式から、$a+b$やabの値が求められないかを考えてみるわけです。すると、①＋②や①－②を作ってみたくなりませんか？（いいえ、なりません、と言われてもここは先に進みます。）

①＋②より

$$a^2 + b^2 + \sqrt{2}\,(a+b) = 2\sqrt{3}$$

$a^2 + b^2 = (a+b)^2 - 2ab$と変形できるので、これを代入すると

$$(a+b)^2 - 2ab + \sqrt{2}\,(a+b) = 2\sqrt{3} \quad \cdots ③$$

と、とりあえず$a+b$とabで表された式を作ることができました。しかしこれ以上は進めそうにないので、とりあえず③と名前を付けておきましょう。次に①－②を作ってみます。①－②より

$$a^2 - b^2 + \sqrt{2}\,(b-a) = 0$$
$$(a-b)(a+b) - \sqrt{2}\,(a-b) = 0$$
$$(a-b)(a+b) = \sqrt{2}\,(a-b)$$

ここで、$a \neq b$より、$a - b \neq 0$なので両辺を$a-b$で割ることができて、

> 余談ですが、問題文に唐突に$a \neq b$とある場合は$a-b$で割る式変形を行なうことが多いです。

$$a + b = \sqrt{2}$$

です！　これで目的の半分は果たしました。これを先ほど名前を付けておいた③に代入すると、

$$(\sqrt{2})^2 - 2ab + \sqrt{2} \times \sqrt{2} = 2\sqrt{3}$$
$$-2ab = -4 + 2\sqrt{3}$$
$$ab = 2 - \sqrt{3}$$

です。はい、これで ab の値もわかりました！＼(^o^)／

あとは仕上げです。

$$\frac{b}{a} + \frac{a}{b} = \frac{(a+b)^2 - 2ab}{ab}$$
$$= \frac{(\sqrt{2})^2 - 2 \times (2 - \sqrt{3})}{2 - \sqrt{3}}$$
$$= \frac{2 - 4 + 2\sqrt{3}}{2 - \sqrt{3}}$$
$$= \frac{2\sqrt{3} - 2}{2 - \sqrt{3}}$$
$$= \frac{2\sqrt{3} - 2}{2 - \sqrt{3}} \times \frac{2 + \sqrt{3}}{2 + \sqrt{3}}$$
$$= \frac{4\sqrt{3} - 4 + 6 - 2\sqrt{3}}{4 - 3}$$
$$= 2\sqrt{3} + 2$$

と、求まりました。ここでも途中の計算はさほど重要ではありません。大事なことは、**値を求める式が対称式だと気づけば、対称式の性質が使えるようになる**ということです。逆に、対称式であることに気づけなかった場合は与えられた式から基本対称式（$a + b$ や ab）の値を計算しようとは発想できないと思います。ちなみに方程式の解と係数の関係も対称式の応用例です。

【2次方程式の解と係数の関係】

$ax^2+bx+c=0$ の2つの解を α と β とすると、

$$\alpha+\beta=-\frac{b}{a}$$

$$\alpha\beta=\frac{c}{a}$$

となる（証明は解の公式から計算してみればすぐにできます）。
ここで出てくる $\alpha+\beta$ と $\alpha\beta$ は基本対称式です。

最後に対称式とは別の式の中の対称の例として相反方程式というものを取り上げます。

相反方程式

問題

$$x^4+7x^3+14x^2+7x+1=0$$

を解きなさい。

うわあ、4次方程式なんて、無理！　と思わないでくださいね。与えられた方程式の係数に注目してみましょう。すると、

1、7、14、7、1

と、14を境に係数が左右対称になっていることがわかると思います。このように**係数の並びが左右対称な方程式を「相反方程式」と言い、相反方程式は同じ係数どうしの項を組み合わせることによって、次数の低い方程式に変形することができます。**

やってみましょう。

$$x^4+7x^3+14x^2+7x+1=0$$

より、同じ係数どうしを組み合わせると

$$(x^4 + 1) + (7x^3 + 7x) + 14x^2 = 0$$
$$(x^4 + 1) + 7(x^3 + x) + 14x^2 = 0$$

ですね。次が肝心ですが、この方程式で $x=0$ は明らかに解ではないので両辺を x^2 で割ります。すると、

$$\left(x^2 + \frac{1}{x^2}\right) + 7\left(x + \frac{1}{x}\right) + 14 = 0 \quad \cdots ①$$

になります。ここで

$$\left(x + \frac{1}{x}\right)^2 = x^2 + 2x \cdot \frac{1}{x} + \frac{1}{x^2}$$
$$= x^2 + 2 + \frac{1}{x^2}$$

だから、

$$x^2 + \frac{1}{x^2} = \left(x + \frac{1}{x}\right)^2 - 2$$

であることに注意すると、①は

$$\left\{\left(x + \frac{1}{x}\right)^2 - 2\right\} + 7\left(x + \frac{1}{x}\right) + 14 = 0$$
$$\left(x + \frac{1}{x}\right)^2 + 7\left(x + \frac{1}{x}\right) + 12 = 0 \quad \cdots ②$$

のようになります。ここで

$$x + \frac{1}{x} = t$$

とすると、②は次のような2次方程式に変形することができます。

$$t^2 + 7t + 12 = 0$$

これは簡単に因数分解ができるので

$$(t + 3)(t + 4) = 0$$
$$\therefore t = -3 \ or \ -4$$

と、解くことができました！ あとは置き換えたものを元に戻して、
$t = -3$ のとき、

$$x + \frac{1}{x} = -3$$

両辺に x をかけて

$$x^2 + 1 = -3x$$
$$x^2 + 3x + 1 = 0$$

2次方程式の解の公式を用いて、

$$x = \frac{-3 \pm \sqrt{3^2 - 4 \cdot 1 \cdot 1}}{2}$$
$$x = \frac{-3 \pm \sqrt{5}}{2}$$

となります。同様に計算すると、
$t = -4$ のときは、

$$x = -2 \pm \sqrt{3}$$

です。

　以上より、与えられた方程式の答えは、

$$x = \frac{-3 \pm \sqrt{5}}{2},\ -2 \pm \sqrt{3}$$

です。

　与えられた方程式の係数が左右対称になっていることに注目して整理していくことは、1つ1つの項を見るのではなく、項をペアで見ることですから、それだけ視野が拡がります。すると、解き方のわからない4次方程式を解の公式や因数分解を知っている2次方程式に変形することができたことに注目してくださいね。

　以上のように、対称性を発見しようとすることは、自分が見ているものが何かより大きな全体の一部なのではないかと考えることであり、それは視野を拡げることに繋がります。そして、実際に対称性が見つかれば、情報量が格段に増えて、既知の理論・性質・情報を適用することができるので、鮮やかな論理の展開が可能になることが多いのです。

第3部　どんな問題にも通じる10のアプローチ

[アプローチ その4]
逆を考える

効能　新しい視点によって、面倒を回避できたり、
　　　解答への近道が見つかったりする。

昔、こんな問題をやらされませんでしたか？

問題　下の図は1辺の長さが3cmの正方形に扇形を組み合わせて作った図形です。グレーの部分の面積を求めなさい。

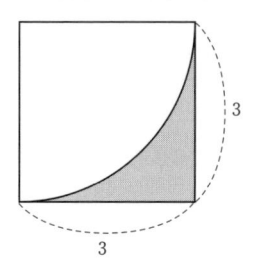

グレーの部分の面積を直接求めることはできません。しかし、全体からグレーの部分以外の面積を引くことで、すなわち正方形から中の扇形の面積を引くことでグレーの部分の面積は容易に求めることができますね。

$$3 \times 3 - 3 \times 3 \times \pi \times \frac{90}{360} = 9 - 9\pi \times \frac{1}{4}$$

$$= 9 - \frac{9}{4}\pi \quad [\text{cm}^2]$$

正攻法で正面から取り組もうとすると答えが見つからないとき、あるいは見つかるには見つかるもののそのプロセスが面倒に感じるときは、逆を考えてみることを習慣にしましょう。解答への近道が見つかって、展望が一気に開けることがよくあります。合言葉は「面倒だったら逆を考える！」です。

　数学の問題を考えるときはいろいろな視点をもつことがとても重要です。ものの見方の多様性を学ぶことは数学を学ぶ大きな目標の1つでもあります。
　とは言え、別の視点を持つことは簡単なことではありません。そこで「別の視点」の中で最も基本的な視点である「逆の視点」を学ぶことで、別の視点を持つセンスを磨いてほしいと思います。しかもこの「逆の視点」は基本的であるばかりでなく、大変高い応用力を持っています。

「少なくとも……」のときは逆を考える

　次はこんな問題をやってみましょう。

> **問題** 3桁の自然数のうち、少なくとも1つ1が含まれるものの個数を答えなさい。

　この「少なくとも」という言い回しがクセモノです。3桁の自然数には

　　① 1が1つも含まれない
　　② 1が1つ含まれる
　　③ 1が2つ含まれる ⎫ 少なくとも1つ含まれる
　　④ 1が3つ含まれる ⎭

の4パターンがありますが、このうち「少なくとも1つ含まれる」に相当するのは②〜④の3パターンがあるので、それぞれを考えていくのは面倒

です。だったら、全体から①のパターンを引いた方がずっと近道です。
　1が1つも含まれない数は
　　　　百の位：2～9の8通り
　　　　十の位：0と2～9の9通り
　　　　一の位：0と2～9の9通り

ですから、①の個数は

$$8 \times 9 \times 9 = 648[個]$$

3桁の数は全部で100～999の900個なので、求める個数は

$$900 - 648 = 252[個]$$

です。

　このように「少なくとも…」の表現に対しては逆を考える癖をつけておくことをお勧めします。

背理法

　代表的な証明方法の1つに背理法という方法があります。背理法とは証明したい事柄の否定を仮定して、矛盾を導く証明の方法のことです。すなわち

> 【背理法】
> ①　証明したいことの否定を仮定する
> ②　矛盾を導く

が手順です。「背理法」と聞くとなんだか難しそうですが、考え方は至って単純です。次の図を見てください。

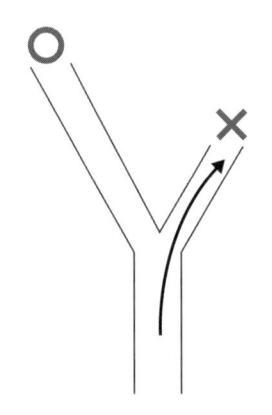

ある分かれ道があって、片方はゴールでもう片方は崖です。分岐点からゴールまでは2km、崖までは1kmあることがわかっているとします。今、100人からなるグループがこの分かれ道にさしかかりました。数年前にグループの中の1人が同じ道を来たことがあり、「確か左がゴールだった」と言っています。しかし、ちょっと不安そうです。

　こんなとき、全員で左に行って、万が一左が崖だった場合は、100人が崖までの往復2kmとゴールまでの2kmで計4kmを歩かなければなりません。そういうリスクは回避したいですね。そこで、代表者1人があえて右の道を選択して行ってみることにしました。結果、右が崖であることがわかれば、残りの99人は自信を持って左の道を進むことができます。代表の1人だけは計4kmを歩かなければなりませんが、残りの99人はゴールまでの2kmを歩くだけですみます。

　このように、2つしか選択肢がない場合に、一方が矛盾（崖）であることがわかれば、もう一方が正しい（ゴール）ことは確かめる必要がありませんね。これが背理法の考え方です。そして、背理法を使うのは、上の例のように正しい方を直接示すことが困難な場合です。

　たとえば「タイムマシーンは永遠に発明されることはない」ということを証明したいとします。しかし、これをそのまま証明するのは難しいですよね？　5年前にはTwitterもfacebookもiPadもスマホもなかった（2012

年現在)ことを考えれば、この先どんな文明が待っているかは想像もつきません。タイムマシーン発明の可能性を完全に否定できる道理はなかなか見つからないでしょう。

　そんなときは背理法の出番です。今、証明したいことの逆を仮定して、「タイムマシーンが未来のいつかの時点で発明された」としましょう。そうすると、その先の未来人達はタイムマシーンを持つことになり、その未来人のうちの誰かが過去にタイムトラベルした際には現代の我々に出会うはずです。しかし、まだ我々は誰も未来から来た人に出会ったことはありません。もちろん史実にもそういう記録はありません。故に矛盾です。この矛盾は最初に「タイムマシーンが未来のいつかの時点で発明された」という仮定から生じた矛盾ですので、この仮定は間違いであったとわかります。よって、「タイムマシーンは永遠に発明されることはない」と結論づけることができます。

　(ここでは、パラレルワールド云々の話は置いておきましょう。私もそういう空想は決して嫌いではありません。)

　通常「存在しない」ことや「不可能である」ことを証明するのは、「存在する」ことや「可能である」ことを証明するよりずっと困難なことが多いです。それは砂浜に立ってそこにダイヤが落ちていないことを証明する難しさと同じです。たとえば有名なフェルマーの定理は、きちんと証明されるまで360年もかかったのですが、これも

【フェルマーの定理】
3以上の自然数nについて、
$$x^n + y^n = z^n$$
を満たす0以外の$(x、y、z)$の組み合わせは存在しない。

と「存在しない」ことを述べた定理です。そして、これを最終的に証明した(1995年)アンドリュー・ワイズが用いた手法も基本的には背理法で

した。すなわち「存在する」と仮定して矛盾を導いたわけです（もちろんうんと高度なものですが）。

　他にも「無理数（分数で表せない数）」のように文字などを使って一般に表現できないものや、「無限」のように捉えきれないものについての証明では、背理法を使うことが多いです。

$$\begin{cases} \text{・ある数が無理数であることの証明} \\ \qquad \text{ある数が有理数（分数で表せる数）と仮定}\Rightarrow\text{矛盾を導く} \\ \text{・あるものが無限にあることの証明} \\ \qquad \text{あるものが有限個だと仮定}\Rightarrow\text{矛盾を導く} \end{cases}$$

といった具合です。
　では、どんな教科書にも載っている背理法の例題を1つ紹介します。

問題　$\sqrt{2}$ が無理数であることを証明しなさい。

　有名な問題です。これしかないのか、というくらい、各社の教科書で背理法の証明例題はこの問題です。
　では見ていきましょう。まず、「無理数」のおさらいです。上にもチラっと出てきましたが、数は有理数と無理数に分けることができます。

$$\text{数}\begin{cases} \text{有理数：分数で表せる数} \\ \qquad \text{例）}2=\frac{2}{1},\ 0.5=\frac{1}{2},\ 0.33333...=\frac{1}{3}\ \text{etc.} \\ \text{無理数：分数で表せない数} \\ \qquad \text{例）}\sqrt{2},\ \pi,\ log_{10}2,\ e\text{（自然対数の底）etc.} \end{cases}$$

背理法が無理数であることの証明に適している理由は
・数は無理数と有理数の2つの選択肢しかない
・「分数で表せない」という「～ない」ことの証明
の2点が考えられます。では、実際にやってみましょう。

まず、$\sqrt{2}$が無理数であること（分数で表せないこと）を証明したいので、その逆の「$\sqrt{2}$は有理数である（分数で表せる）」と仮定することから始めます。

（証明）
$\sqrt{2}$は有理数であると仮定すると、

$$\sqrt{2} = \frac{b}{a}$$

と書けることになります。ここで$\frac{b}{a}$は**既約分数である**（「aとbは互いに素である」）とします。
　　　　　　　　　　　↑
　　　　　　　（なぜ太字になっているかは後でわかります。）

両辺を2乗すると

$$2 = \frac{b^2}{a^2}$$

これより、

$$b^2 = 2a^2 \quad \cdots ①$$

となるのでb^2は2の倍数ですね。つまりb^2は偶数です。奇数を2乗して偶数になることはないのでbは偶数であるとわかります。そこで適当な整数mを用いて

$$b = 2m$$

と書くことにしましょう。これを①に代入すると

$$(2m)^2 = 2a^2$$
$$\Leftrightarrow \quad 4m^2 = 2a^2$$
$$\Leftrightarrow \quad a^2 = 2m^2$$

となるので、a^2 もやはり偶数です……ということは？　そうですね。a も偶数です。

> ここで「あれ？　矛盾してない？」と思った人は相当鋭い人です。論理的に考えられる頭脳をすでに持っていると自信をもってくれていいです。
> まだピンと来ない人も心配いりません。私も学生時代に「なるほど〜」と納得しながら読んでいた論文の次のページに「よって矛盾」と書いてあって、狐につままれたような気持になったことがたくさんあります。矛盾に気づく、というのは大変高度な思考力を必要とするのです。

証明の中で太字にした部分をもう一度抜き出して書きますね。

$\dfrac{b}{a}$ は既約分数である（「a と b は互いに素である」）

↓

b は偶数である

↓

a も偶数である

ほらね？　既約分数のはずなのに、分母も分子も偶数だというのはおかしいです（分母も分子も2で割れるから既約分数ではない）よね。よって、矛盾！　というわけです。そして、この矛盾が生じた理由は最初に「$\sqrt{2}$ は有理数である」と仮定したからです。つまりこの仮定が間違っているわけです。これにより、「$\sqrt{2}$ は無理数である」ことが証明できました。

　というわけで、「逆を考える」ことは正攻法では捉えづらい、捉えきれないものを考えるときに、まず試してほしい「新しい視点」です。この視点が解答への近道を教えてくれることは少なくありません。

第3部　どんな問題にも通じる10のアプローチ

[アプローチ その5]
和よりも積を考える

> **効能**　式の情報量が増える。

式の情報量とは

　最初に「式の情報量」ということについてお話したいと思います。私たちが式を変形する目的はただ1つです。それは**変形によって、与えられた式より、より解きやすくなるように、つまり情報量が増えるようにする**ことです。こう書くと至極当たり前のことなのですが、問題ができなくて困っている生徒さんを見ると、ほとんどの場合が式を闇雲にこねくり回しています。まずは明確に「情報量を増やすにはどうしたらよいか」を考えるようにしましょう。

　では、どうしたら式の情報量を増やすことができるのでしょうか？　じつは次のようにその形によって式の情報量は変わってきます。

【式の情報量】

(少ない)
① $A + B = 0$
② $A \times B = 0$
③ $A^2 + B^2 = 0$
(多い)

順に見ていきましょう。

① $A + B = 0$

この式からわかることは何でしょうか？　それは

$A = -B$

ということだけですね。つまり

$□ + △ = 0$

の□と△に入る数字は3と−3かもしれませんし、10と−10かもしれません。どちらの値も決めることはできません。しかし、

② $A × B = 0$

の式からは何がわかるでしょうか？　ここではAとBを掛けてゼロになっていますから、少なくともどちらかはゼロであることがわかります。つまり、{A＝0 あるいは B＝0}であることがわかるというわけです。これは①に比べて格段に情報量が増えていることになります。そして、これこそが私たちが2次方程式を解く際に因数分解をする理由なのです。

たとえば、こんな2次方程式があるとします。

$x^2 - 5x + 6 = 0$

これはx^2と$-5x$と6を足した式ですね。つまり①の形をしています。これを見ただけではxの値が何であるかはわかりません。しかし、これを因数分解して

$(x - 2)(x - 3) = 0$

と積に変形できれば、

{$x - 2 = 0$ あるいは $x - 3 = 0$}

であることがわかるので、これより

$$\{x = 2 \text{ あるいは } x = 3\}$$

と解くことができるのです！　これでなぜ「因数分解」なんてものをしつこくやらされていたかがわかってもらえたと思います。そう、**因数分解とは与えられた式を掛け算の形に直して情報量を増やすための変形**なのです。

　次に

$$③ \quad A^2 + B^2 = 0$$

は特殊なケースですが、このように変形できたときはA^2もB^2も0以上であることから、0以上の2つの数を足してゼロになっているので、$\{A = 0$かつ$B = 0\}$であることがわかります。これは、太郎さんと次郎さんが「有り金を全部この壺の中に出そう」と決めて壺を回した後に、壺の中にお金が一銭もないとき、2人とも一文無しであることがわかるのと同じ論理です。

　通常、複数の未知数がある場合、未知数の数と方程式の数は同じでないと解くことはできません。たとえば、$x + 2y = 3$という方程式が1つしかない場合はxとyの値を求めることはできませんね。しかし、

$$x^2 + y^2 - 4x - 10y = -29$$

の場合はどうでしょうか？　やはり先ほどと同じようにxとyの2つの未知数があります。しかし今度は

$$(x - 2)^2 + (y - 5)^2 = 0$$

のように変形することができるので、

$$\{x - 2 = 0 \text{ かつ } y - 5 = 0\}$$

であることがわかり、これから

$$\{x=2 \ かつ \ y=5\}$$

と2つの未知数が求まってしまいます。逆に言えば、未知数が2つあるのに、方程式が1つしか与えられていない場合は③の形にならないかを試すのが合理的です。そして③の形にならないときは潔く他の問題に移りましょう。おそらくとても難しい問題です。

最後の③の形は大変豊富な情報量を持っていることになりますが、与えられた式をこの形に変形できることは稀なので、私たちはまず②の形、すなわち積の形をつくることを、式変形の基本的な指針にしたいと思います。

不等式の証明

積の形にした方が情報量が増えることを実感できる例として次のような不等式の証明を考えてみましょう。

> **問題**
>
> $x>1$, $y>1$ のとき、不等式 $xy+1>x+y$ を証明しなさい。

証明に入る前に知っておいてほしいのですが、数学では、未知数がある具体的な数字より大きいか小さいかは、本質的な違いに繋がらないことがあります。しかし、未知数が正か負かはいつでも大変大きな違いになります。そこで、

$$x>1, \ y>1$$

の条件式を

$$x-1>0, \ y-1>0$$

と変形して、証明ではこの形で使っていくことを前提にします。また、不等式

$$A > B$$

を証明したい場合は、左辺－右辺を作って、

$$A - B > 0$$

を示す手法を取ると考えやすくなるので、今回も証明したい不等式の左辺－右辺を作ることから始めます。そうすると

$$左辺 - 右辺 = xy + 1 - (x + y)$$
$$= xy - x - y + 1$$

となります。ここで「$xy - x - y + 1$」が0より大きくなること（正であること）を示せばよいのですが、このままでは埒があきませんね。その理由は得られた式が足し算と引き算からできている式なので、情報量が少ないからです。そもそもこのままでは$x - 1 > 0$, $y - 1 > 0$の条件をどう使ったらよいかわかりません。

そこで、情報量を増やすために積を作ることを考えます。すなわち、因数分解をします。

$$xy - x - y + 1 = x(y - 1) - y + 1$$
$$= x(y - 1) - (y - 1)$$
$$= (x - 1)(y - 1)$$

さあ、これで随分情報量が増えました！　仮定より「$x - 1 > 0$, $y - 1 > 0$」ですから、「$(x - 1)(y - 1)$」は正の数どうしの掛け算ということになり当然正の数です。以上より、

$$左辺 - 右辺 = (x - 1)(y - 1) > 0$$
$$\therefore \quad 左辺 > 右辺$$
$$xy + 1 > x + y$$

と与えられた不等式が正しいことを示せました！

ここで感じてほしいのは最初の「$xy - x - y + 1$」の式のわかりづらさ（捉えづらさ）と「$(x-1)(y-1)$」の式のわかりやすさ（捉えやすさ）の違いです。そしてその違いこそ、和と積の情報量の違いなのです。

それでは、もう一問、積を作って情報量を増やすと解けてしまう整数に関する問題にチャレンジしてみましょう。京大の問題です。一般に整数に関する問題は与えられる条件や式の情報量が少ないことが多いので、その少ない情報をいかに増やして解を絞り込むかが重要になります。そのため、和を積に直す手法が活躍します。

問題

$a^3 - b^3 = 65$ を満たす整数の組 (a, b) をすべて求めよ。

（京都大学）

このままでは情報がなさすぎて、なんだか途方に暮れてしまいますが、まずは左辺を因数分解して、積の形にすることを考えましょう。ここでは、

$$a^3 - b^3 = (a - b)(a^2 + ab + b^2)$$

という因数分解の公式を使います（知らなくても焦らなくてよいです）。

すると、与えられた式は

$$(a - b)(a^2 + ab + b^2) = 65 \quad \cdots ①$$

となりますね。ここで、第1部にも出てきた平方完成を使うと、

$$a^2 + ab + b^2 = \left(a + \frac{b}{2}\right)^2 + \frac{3}{4}b^2 \geq 0 \quad \cdots ②$$

であることがわかります。①は $(a - b)$ と $(a^2 + ab + b^2)$ を掛けて65という正の数になることから、$(a - b)$ と $(a^2 + ab + b^2)$ は同符号（ともに

正かあるいはともに負）です。そして、②より $(a^2 + ab + b^2)$ が 0 か正であることがわかったので、結局 $a - b$ も $a^2 + ab + b^2$ も正の数だということになります。

しかしこれではまだピンときませんね。そこで、文字の入った式の左辺だけでなく、右辺の「65」も積の形にすることを考えます。すなわち、65 = 1 × 65 = 5 × 13 とするのです。すると、

$$(a - b)(a^2 + ab + b^2) = 1 \times 65 = 5 \times 13$$

ですね。つまり、与えられた式に整数解があるとしたら、次の 4 パターンしかないことになり、一気に解の候補が絞り込めます。

(ⅰ) $\begin{cases} a - b = 1 \\ a^2 + ab + b^2 = 65 \end{cases}$

(ⅱ) $\begin{cases} a - b = 65 \\ a^2 + ab + b^2 = 1 \end{cases}$

(ⅲ) $\begin{cases} a - b = 5 \\ a^2 + ab + b^2 = 13 \end{cases}$

(ⅳ) $\begin{cases} a - b = 13 \\ a^2 + ab + b^2 = 5 \end{cases}$

さあ、どうでしょうか？　最初のあの途方にくれた感じにくらべて、今は随分と扱いやすくなりましたね。あとはこの 4 つの連立方程式を解いてみればよいだけの話です。それは単なる計算ですので割愛しますが、（ⅰ）は整数解にならず、（ⅱ）と（ⅳ）は実数解にならないので、（ⅲ）の場合だけが題意に適しており、答えは

$$(a, b) = (4, -1), (1, -4)$$

の 2 通りしかないことがわかります！

積を作ることによって、情報量が増える感じ、そして解を絞り込める感じをぜひつかんでほしいと思います。式変形において情報がほしいときに

第3部　どんな問題にも通じる10のアプローチ

どうすればよいかがわかっていることは、大変心強い指針になります。

和　○＋△＝3 は？
1＋2？　（-1）＋4？
2＋1？　（-2）＋5？
3＋0？　　…

え〜と整数なら…

うぅ…いくらでもある

積　○×△＝3 は？
1×3　（-1）×（-3）
3×1　（-3）×（-1）

こっちなら4つだけ！

「和」ではなく「積」を用いることができれば、解をぐっと絞り込むことができます

[アプローチ その6]
相対化する

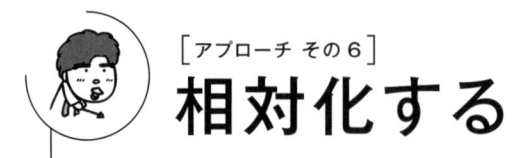

> **効能**　引き算をすることによって、隠れた性質を見つけることができる。

相対化＝引き算

　相対化、というと難しい感じがするかもしれませんが、誤解を恐れずに言ってしまえば、それは引き算をするということです。そして結果として出てくる「差」を見ることです。

　時速200kmで走る新幹線は、同じ方向に時速100kmで走る車から見れば

$$200 - 100 = 100$$

より、時速100kmで遠ざかるように見えます。もちろんその車が同じ時速200kmで並走することができれば、

$$200 - 200 = 0$$

で、車の中の人にとって、新幹線は止まっているのと同じです。車から新幹線の中にいる人にボードや身振りでメッセージを送ることもできるでしょう。

　このように相対化とは、相手から自分（基準になるもの）を引いてその差を見ることを言います。

循環小数

　相対化（＝引き算）することによる恩恵を感じられる例として「循環小数」というものを扱いたいと思います。循環小数とは、2.55555…や、0.147147147147…のように同じ数字を延々と繰り返す小数のことです。そういう小数を分数で表すことを考えていきます。

　循環小数が捉えづらいのはなぜでしょうか？　言うまでもなく小数点以下が延々と続いていくからですね。そこで、同じように小数点以下が延々と続いていくものを作ってその「差」を考えてみたいと思います。

　イメージはオリンピックや世界陸上のときの短距離走の中継です。最近の中継では、トラックの横に敷いたレールの上を選手たちとともに走るカメラが撮った映像をよく目にします。私たちはその映像によって選手の走りをつぶさに観察することができ、ゴールの瞬間も際どい勝敗を確認することができるのですね。この並走するカメラのアイディアこそ「相対化」です。どんどん加速する選手たちと同じように加速して追いかけることで相手を常に捉えることができるわけです。もし、カメラがスタート地点に固定されていて、スタート地点から選手たちの様子を撮るだけでは、レースの様子や勝敗の行方などを捉えることはできないでしょう。

　では実際に問題をやってみましょう。

問題

　　　　循環小数　0.147147147147…を分数で表しなさい。

　まず、表したい循環小数をxとします。

$$x = 0.147147147147\cdots$$

　ポイントは次です。同じように小数点以下に147147147…が続くようなものを作ります。それが陸上競技中継のカメラと同じ役割を果たします。

今回の場合は

$$1000x = 147.147147147147\cdots$$

がそれです。そしてカメラから捉えた映像、つまり x と $1000x$ の「差」を考えることで循環小数を捉えていきます。すると、

$$\begin{array}{r} 1000x = 147.147147147147\ldots \\ -)\underline{x = 0.147147147147\ldots} \\ 999x = 147 \end{array}$$

$$x = \frac{147}{999} = \frac{49}{333}$$

となって、

$$x = 0.147147147147\cdots = \frac{49}{333}$$

であることがわかります。こちらが止まっていたときは小数点以下が延々と続いていくものを捉えることは困難でしたが、同じように小数点以下が延々と続くものから相手を見れば、すなわち相対化すれば、その「差」はぐっと捉えやすくなったことを実感してほしいと思います。

階差数列

今度はこんな問題です。

> 問題　次のような数列があるとします。
> 　　　　1, 2, 4, 7, 11, 16, 22, 29, …
> この数列の100番目の数は何でしょう？

「う〜ん…わからない！」

というのが正直な感想かもしれません。しかし、まだ諦めるのは早いです。試しに隣り合う数の「差」を考えてみましょう。

$$1, 2, 4, 7, 11, 16, 22, 29, ...$$
$$1\ 2\ 3\ 4\ 5\ 6\ 7$$

どうでしょうか？ 今度はこの数列のルールがわかると思います。そうです、元の数列の隣りあう数の差が

$$1, 2, 3, 4, 5, 6, 7, \cdots$$

と1ずつ増えていることがわかりますね。「隣りあう数の差を考える＝相対化する」ことによって、隠れていたルールをあぶり出すことに成功しました！　こうなれば、元の数列の100番目の数を計算するのは難しくありません。たとえば元の数列の5番目の数「11」は最初の数「1」に差を4つ足したもの

$$1 + (1 + 2 + 3 + 4) = 11$$

と考えることができます。同様に元の数列の8番目の数「29」は最初の数「1」に差を7つ足したもの

$$1 + (1 + 2 + 3 + 4 + 5 + 6 + 7) = 29$$

と考えられますね。では、元の数列の10番目の数は、最初の数字「1」に差をいくつ足したものでしょうか？　そうです。9つです。つまり、元の数列の10番目の数は最初の数「1」に差を9つ足して

$$1 + (1 + 2 + 3 + 4 + 5 + 6 + 7 + 8 + 9) = 46$$

であることがわかります。ということは100番目の数は最初の数「1」に差を99個足して

$$1 + (1 + 2 + 3 + \cdots + 99)$$

より求まりますね。

ここで等差数列の和の公式（今は知らなくても大丈夫ですよ）を使うと

$$1 + 2 + 3 + \cdots 99 = \frac{(1 + 99) \times 99}{2} = 4950$$

と計算できますので、

$$1 + 4950 = 4951$$

より、元の数列の100番目の数は4951であることがわかります。

このように数列において、一見その数列のルールが見えないとき、隣りあう数の差を考えると隠れていたルールが見えてくる場合があります。そして、その「差」を積み上げることで元の数列を捉えることができます。これがいわゆる階差数列の考え方です。

最後にこんな応用問題をやってみましょう。

> **問題** 平面上に100本の直線があり、どの2本も平行でなく、どの3本も同一点で交わっていない。交点の総数を求めなさい。
>
> （改：北見工業大学）

またまた
「う〜ん。わからない！」
と言いたくなる問題ですね。頭の中に100本の直線を思い浮かべようとしても、本数が多すぎてチンプンカンプンです。そこで、相対化の出番です！　一挙に100本を考えると数が多すぎて捉えられないので、すでにn本の直線があるところに$n + 1$本目の直線を引いたときに、交点の数がい

くつ増えるかを考えることにします。つまり、**直線がn本の場合と$n+1$本の場合との交点の数の「差」を考える**わけです。具体的に考えてみましょう。

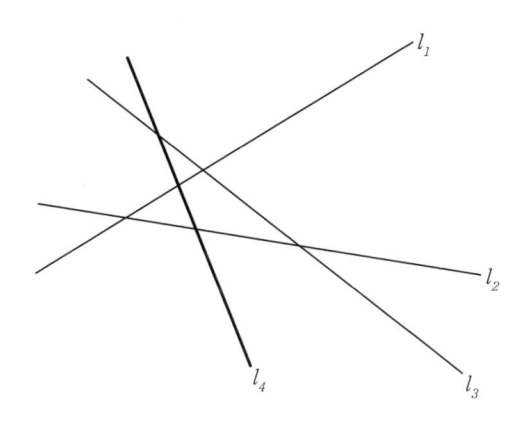

たとえば、すでに3本の直線があるところに4本目の直線を引いたとします。すると4本目の直線はすでにある3本とそれぞれ交わるので、交点は3個増えることになります。同様にすでに9本の直線があるところに10本目の直線を引くと、交点は9個増えることになりますね。

これらを文字を使って一般化します。n本の直線があるときの交点の数をa_nとすると、n本の直線がある所に、$n+1$本目の直線を引くと交点はn個増えるので、次のように書くことができます。

$$a_{n+1} = a_n + n \quad \cdots ☆$$

む…難しそうだ、と思わないでくださいね。nに具体的な数字を入れていけば、決して難しいことはありません。

まず、$n=1$のときは1本しか直線がないので交点の数は0です。つまり

$$a_1 = 0$$

ですね。以下は☆の式のnに入れる数字を順々に増やしていきます。

$$a_2 = a_1 + 1 = 0 + 1 = 1$$
$$a_3 = a_2 + 2 = 1 + 2 = 3$$
$$a_4 = a_3 + 3 = 3 + 3 = 6$$
$$a_5 = a_4 + 4 = 6 + 4 = 10$$
$$a_6 = a_5 + 5 = 10 + 5 = 15$$
$$a_7 = a_6 + 6 = 15 + 6 = 21$$

と続いていきます。つまり、交点の数は

$$0,\ 1,\ 3,\ 6,\ 10,\ 15,\ 21 \cdots$$

と増えていくわけです。ここで勘のよい読者は気づくと思いますが、この数列はその作られ方から、「差」にルールがあります。すなわち

0, 1, 3, 6, 10, 15, 21 ...
　∨∨∨∨　∨　∨
　1 2 3 4　5　6

のようになっています。はい、先ほどの「階差数列」と同じ考え方が使えそうですね。つまり、この数列の100番目の数は最初の数「0」に差を99個足していけばよいので、

$$0 + (1 + 2 + 3 + \cdots + 99)$$

を計算すればよいことがわかります。

$$1 + 2 + 3 + \cdots 99 = \frac{(1 + 99) \times 99}{2} = 4950$$

でしたから、求める交点の個数 a_{100} は

$$a_{100} = 0 + 4950 = 4950$$

ですね。よって、交点の総数は4950個です。

第3部　どんな問題にも通じる10のアプローチ

　いかがでしたでしょうか？　相対化とは、全体の中から隣り合う2つを抜き出して、その差を考えることです。そして「差」から導かれる隣り合うものの関係性を積み上げることにより、全体をとらえることが最終的な目的です。
　高校数学における相対化の応用例は部分分数分解や漸化式、ベクトルの分解など多岐に渡ります。

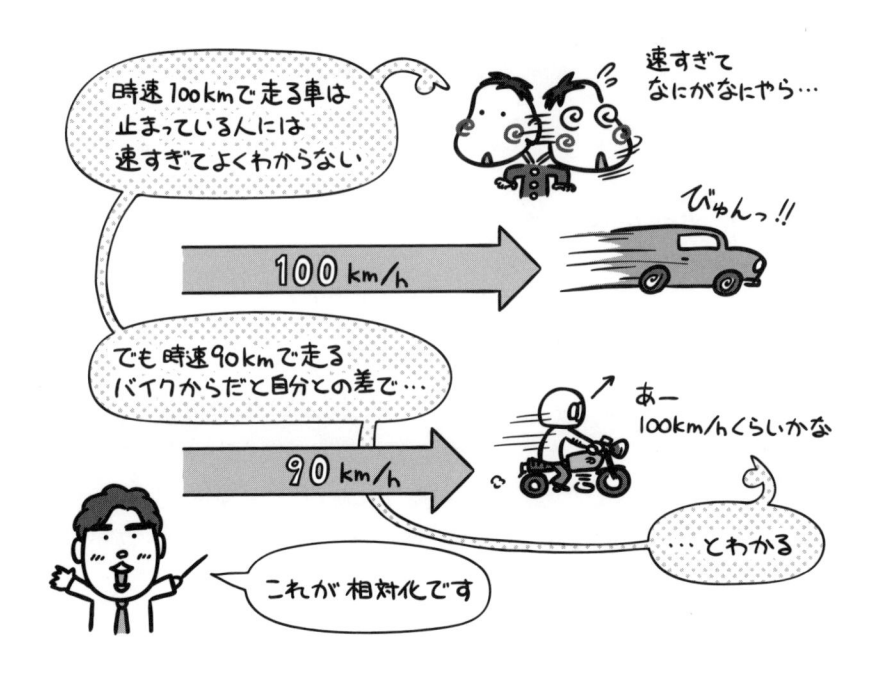

［アプローチ その7］
帰納的に思考実験する

> **効能** 具体的な数を使って考えることで、イメージが膨らみ、解の予想が立てられる。

具体的な数字は考えやすい！

　数学で文字を使うことを習いたての中学1年生に、

> **問題** 何人かの生徒で協力してポスターを作ることになりました。去年は同様のポスターを3人の生徒で作って12日間かかりました。これをx人の生徒で作ったときにかかる日数をy日とします。yをxで表しなさい。

のような問題を出すと、戸惑う生徒さんが少なくありません。そんなときはこんな風に助け舟を出します。
　「1人で作ったら何日かかるかな？」
すると生徒さんはたいてい
　「3人だと12日だから、12日の3倍で……36日！」
と答えてくれます。その後は
　「2人だったら？」
　「36日の半分だから……18日！」
　「3人だったら12日だったね。じゃあ4人だったら？」

「18日のさらに半分のはずだから……9日！」
……と続きます。そこで、今度は
「じゃあ、人数をx人、作業日数をy日として表を作ってみようか」
と言って次のような表を作ってもらいます。

x	1	2	3	4	…	6	…	12	…	36
y	36	18	12	9	…	6	…	3	…	1

　ここまでくると、ほとんどの生徒さんは
「あ、$x \times y = 36$だね！」
と気づき、

$$y = \frac{36}{x}$$

という答えを導きだしてくれます。最初はよくわからなかった問題でも、**具体的に数字をあてはめることで解決への糸口が見えてきます。**

　第2部で「数学で文字を使うのは一般化するためだ」というお話をしました。確かに一般化をすることは、あらゆる場面に通じるモデルを作ることであり、文字によって表現された式は高い応用力を持ちます。しかし、その一方で文字に慣れない人にとっては、いや慣れている人にとっても、x人やy日というのはイメージがしづらいものです。

イメージを膨らませて予想を立てる

「x人でygのお肉を食べました！」
と聞いても、美味しそうではありませんが
「4人で1200gのお肉を食べました！」
と聞けば、「いいねえ、たくさん食べたね〜」と羨ましく思うでしょう。数学の最終的な目標が、文字を使って一般的に表すことだとしても、目

の前のよくわからない問題に対しては、具体的な数字をあてはめていって、イメージを膨らませることはとても大切なことです。そして、イメージが膨らんでくると、

　「あれ、これは何か法則があるぞ……」
と一般的な法則について予想が立つようになります。未知の問題について「予想が立てられる」……これこそが具体的に考える（帰納的に考える）ことの最大の効能です。

どんどん「実験」しよう

　数学に限らず、科学全般において定理や法則の発見は自然界の観察や実験結果から予想され、やがて証明されたものがほとんどです。観察や実験こそ自然界の法則発見の母なのです。

　「実験」と聞くと、理科を想像する人が多いと思いますが、数学でも実験はできます。それが**具体的な数字を当てはめていく帰納的なアプローチ**です。これは思考実験とも呼べるものです。

　数学の定理はさまざまなケースに適用できるように一般化された状態で与えられます。つまりは文字を使って表現されています。そして我々が定理を使うときには、その文字に具体的な数値をあてはめていく（＝演繹的に考える）のですが、多くの定理は、はじめから一般化された状態で考えられたわけではありません。まず帰納的に（＝具体的に）考えることから予想が立てられて、その後で証明されたものがほとんどです。

　帰納的に考える　→　予想を立てる　→　一般化できることを証明する

というのは未知の問題を考えていくときに大変真っ当なやり方なのです。

　なお、ここに出てきた「帰納」と「演繹」については第2部「数学で文字を使うワケ」の53頁で解説しましたが、もう一度おさらいしておきましょう。

【演繹法】
・全体に成り立つ理論を部分にあてはめていくこと
　例）魚は水中で呼吸できる。よって金魚も水中で呼吸できる

【帰納法】
・部分にあてはまることを推し進めて全体に通じる理論を導くこと
　例）金魚も、サケも、イワシも、マグロも水中で呼吸できる。
　　　よって、魚は水中で呼吸できる

では問題をやってみましょう。

問題 下の図のように、1辺に2個、3個、4個と石を並べて正方形を作ります。n番目の正方形を作るのに必要な石の数を求めなさい。

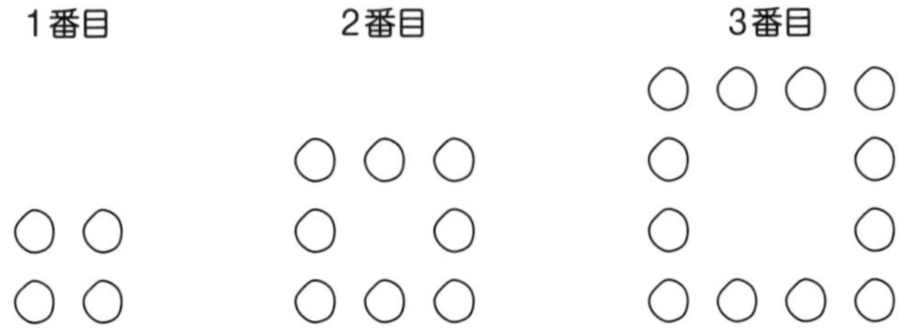

1番目　　　　　2番目　　　　　　3番目

これだけではよくわかりませんね。そこで、実際に石の数を書きだしていきましょう。

　　　　1番目：4個、2番目：8個、3番目：12個

です。なんとなく規則性が見えてきましたね。石の数は「4ずつ増える」ような気がします。もしそうなら次の4番目は16個のはずですね。念のため4番目がどうなっているかを「実験」してみましょう。

4番目

```
○ ○ ○ ○
○         ○
○         ○
○         ○
○ ○ ○ ○
```

石の数は…
4番目：16個
です。予想通りでした！ 石の数は4ずつ増えています。では次にこれを一般化する（文字で表す）ことを考えますが、いきなりは難しい人もいるでしょう。そういう人はキリのよい10番目を考えてみましょう。

1番目が4個ですから、10番目の石の数は、これに4を9つ足してあげればよいですね。そうです。
10番目：$4 + 4 \times 9 = 4 + 36 = 40$個
です。では、100番目は？……今度は4を99個足します。
100番目：$4 + 4 \times 99 = 4 + 396 = 400$個
ですね。これでもう一般化できそうです。n番目は最初の4に4を$(n-1)$個足せばよいので
n番目：$4 + 4 \times (n-1) = 4 + 4n - 4 = 4n$個
と求まりました＼(^o^)／

ただし、ここで鋭い人（疑り深い人？）はちょっとした疑問が頭をもたげるはずです。本当にいつも4個ずつ石の数は増えるのでしょうか？ 途中からたとえば8個ずつ増えるようなことはないのでしょうか？ これは大変よい質問です。そして残念ながら、帰納的に考える（思考実験する）だけでは、この疑問を否定することはできません。ここで得られた「n番目：$4n$個」というのはあくまで予想に過ぎないわけです。そこで、帰納法によって得られた予想を数学的に証明する方法が必要になります。その

ための強力な方法の1つが次に学ぶ「数学的帰納法」です。

数学的帰納法について

「帰納」という言葉を初めて聞いたのは、「数列」の単元で「数学的帰納法」を学んだときだ、という人は少なくないと思います（私もそうでした）。そして、そのときは「帰納」という言葉の意味はあまり考えなかったのではないでしょうか？（私もそうでした！）　でも、もしかしたらそれはその方がよかったかもしれません。……と言うのも、じつは**数学的帰納法とは演繹的な証明の方法**だからです。こんなことを書くと

「え？？？」

と読む気をなくしてしまう人もいるかもしれませんが、待ってください！今、説明します。

まずは数学的帰納法とはどういうものであったかをおさらいしましょう。**数学的帰納法とは自然数（正の整数）に関する事柄を証明するための数学の論法の1つ**です。次のような手順で証明します。

【数学的帰納法の手順】
（ⅰ）$n=1$ のときに成立することを証明する
（ⅱ）$n=k$ のときに成立すると仮定して、
　　　$n=k+1$ のときに成立することを証明する

この証明の一番のポイントは $n=k$ のときに成立することを証明なしに仮定して、それを $n=k+1$ のときの証明に使っている点です。なぜ、そんな手法で証明ができたことになるのでしょうか？　数学的帰納法が証明方法として正しいことをイメージしてもらうには、ドミノ倒しをイメージしてもらうのがよいと思います。ドミノ倒しを成功させるにはどうしたらよいか、を考えてみてください。

今、たくさんのドミノを使ってドミノ倒しを作るとします。最初の1つ

を倒したときに全部のドミノが綺麗に倒れるようにするためには何に気をつけて並べるでしょうか？　それは、前のドミノが倒れてきたときに確実に次のドミノが倒れるように並べていくことですよね。前のドミノが倒れてきても、倒れないような位置に次のドミノを並べてしまうと、当然ドミノ倒しは失敗に終わります。

　数学的帰納法において

　　　　　（ⅰ）　$n=1$ のときに成立することを証明する

は、ドミノ倒しで喩えると

　　　　　　　　最初の1つは倒すことができる

ことを確認することにあたります。先頭の1枚が接着剤などで固定されていないことを確認するわけです。そして、

　　　　　（ⅱ）　$n=k$ のときに成立すると仮定して、
　　　　　　　　 $n=k+1$ のときに成立することを証明する

は、ドミノ倒しで、どのドミノも

　　　　　　　　前のが倒れてきたら次は確実に倒れる

ことを確認していることになります。以上の2つが確認できれば、実際にドミノを倒してみなくても、すべてのドミノが倒れることは確実ですね。

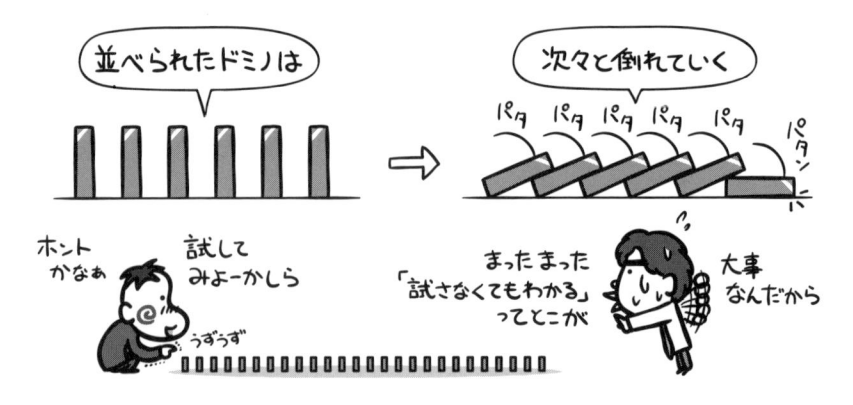

ただし、ここで注意が必要です。(ⅱ)の証明はkと$k+1$という文字を使って行なっていますね。そう、一般化されたものについて証明をしようとしています。言い換えればあらゆる自然数について成り立つことを示そうとしているので、この数学的帰納法は演繹的な証明方法なのです。

なぜこんなに紛らわしいネーミングになってしまったのでしょう？ おそらく、ドミノ倒しのイメージから、$n=1$のとき、$n=2$のとき……とそれが正しいことが「伝搬」していくイメージに繋がり、「帰納的」だと思われたからだと思います（確かではありませんが……）。

ではさっそく、先ほどの石の問題で得られた予想「n番目：$4n$個」が正しいことを数学的帰納法で示してみましょう。

（ⅰ）$n=1$のとき、図から
　　　1番目：$4 \times 1 = 4$個
　　が正しいことは明らかです。

（ⅱ）$n=k$のとき、
　　　k番目：$4 \times k = 4k$個だとすると、
　　　$n=k+1$のときは下の図のように考えて石は4つ増えるので、
　　　（●が増えた分）

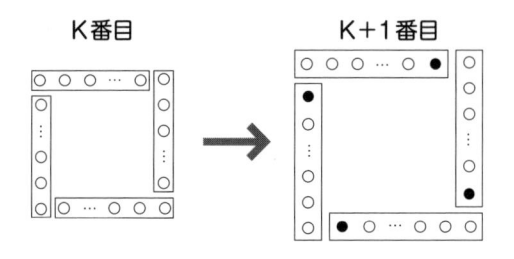

K番目　　　　K+1番目

$k+1$番目：$4k+4 = 4(k+1)$個
となります。これは最初の予想「n番目：$4n$個」のnに$k+1$

を代入した式になっているので、予想は正しかったことが数学的帰納法により示されたことになります。

いかがでしたか？　数学的帰納法の便利さが実感してもらえたでしょうか？　とにかくすぐには答えが見えてこない自然数に関する問題では

> 帰納的に考えて（具体的に数字をあてはめて）予想を立てる
> ↓
> 得られた予想を数学的帰納法を用いて証明する

というのが王道です。

ではこれを使って、もう少し高度な問題をやってみましょう。

問題

$$a_1 = 3, \quad a_{n+1} = \frac{3a_n - 4}{a_n - 1} \quad (n = 1, 2, 3\ldots)$$

で定められる数列 $\{a_n\}$ の一般項を求めよ。

（東京女大学）

このように隣りあう数列（a_n と a_{n+1}）の関係を示した式を漸化式と言います（122頁）。余談ですが、文部科学省が定める指導要領には「分数漸化式」の一般的な解法は高校教育課程に含まれていないので、誘導がかかっていない場合は、受験生にとってこの問題を演繹的に解く（一般化されたままの状態で解く）ことはほぼ不可能なわけです。そこで、帰納的に考えることが必要になります。

与えられた漸化式の n に具体的に1、2、3…と代入していくことで、

$\{a_n\}$ の一般項を予想してみましょう。

$$a_1 = 3$$

$$a_2 = \frac{3a_1 - 4}{a_1 - 1} = \frac{3 \times 3 - 4}{3 - 1} = \frac{5}{2}$$

$$a_3 = \frac{3a_2 - 4}{a_2 - 1} = \frac{3 \times \frac{5}{2} - 4}{\frac{5}{2} - 1} = \frac{\frac{7}{2}}{\frac{3}{2}} = \frac{7}{3}$$

$$a_4 = \frac{3a_3 - 4}{a_3 - 1} = \frac{3 \times \frac{7}{3} - 4}{\frac{7}{3} - 1} = \frac{\frac{9}{3}}{\frac{4}{3}} = \frac{9}{4}$$

$$a_5 = \frac{3a_4 - 4}{a_4 - 1} = \frac{3 \times \frac{9}{4} - 4}{\frac{9}{4} - 1} = \frac{\frac{11}{4}}{\frac{5}{4}} = \frac{11}{5}$$

さあ、どうでしょうか？ 法則が見つかりましたか？ 最初の $a_1 = 3$ を

$$a_1 = \frac{3}{1}$$

と考えれば、

分母は1、2、3、4、5…
分子は3、5、7、9、11…

になっていることに気づくと思います。だとしたら、次の a_6 は

$$a_6 = \frac{13}{6}$$

と、予想することができますよね。ではこれを一般化してみましょう。

分母は1から順に増えていく整数（項の番号と一致）で、分子は3から始まる奇数になっていますから、

$$a_n = \frac{2n+1}{n}$$

と予想できます。(このあたりの「一般化」が難しい人は、とりあえずは上のa_1〜a_6について、この一般化された予想が正しいことを確認してもらえれば十分です。数列に関して予想を一般化するにはちょっとした慣れが必要ですが、演習を積めば簡単にできるようになります。)

中学までの数学では、このような予想が立てば、それを答えとして満点がもらえたのですが、高校数学以上ではそうはいきません。なぜなら上の予想はa_5までは正しいことがわかってもa_6以降も正しい保証はどこにもないからです。そこで、この予想が正しいことを証明する必要があります。証明には先ほどの数学的帰納法を用います。

では

$$a_n = \frac{2n+1}{n} \quad \cdots ☆$$

の予想が正しいことを証明していきます。

(ⅰ) $n = 1$ のとき、

$$a_1 = 3 = \frac{3}{1}$$

より、正しい。

(ⅱ) $n = k$ のとき

$$a_k = \frac{2k+1}{k}$$

であると仮定すると、

$$a_{k+1} = \frac{3a_k - 4}{a_k - 1}$$

$$= \frac{3 \times \frac{2k+1}{k} - 4}{\frac{2k+1}{k} - 1}$$

$$= \frac{\frac{3(2k+1) - 4k}{k}}{\frac{2k+1-k}{k}}$$

$$= \frac{\frac{2k+3}{k}}{\frac{k+1}{k}}$$

$$= \frac{2k+3}{k+1}$$

となり、最後の式は☆の式のnに$n = k + 1$を代入した式になっているので、☆の式は確かに$n = k + 1$のときも成立することがわかりました。よって、私たちの予想は正しいことが数学的帰納法によって証明されました。

以上より、この問題で与えられた漸化式の一般項は、晴れて、

$$a_n = \frac{2n+1}{n}$$

であると言うことができます。

　いかがでしたでしょうか？　毎度毎度ですが途中の式変形は、今は重要ではありません。この例題を通じてわかってほしいことは、演繹的に（文字式のまま）一般項を求めることのできない分数漸化式のnに1、2、3…と具体的に数字を代入していく（帰納的に考える）思考実験をすることで、予想が立ったこと、そしてそれを数学的帰納法を使って証明できたことです。

　未知の問題に出会ったとき、頭の中だけで考えるのではなく、実際に手

を動かしながら「実験」してみることは、問題解決の糸口を見つけるために、そして予想を立てる上で大変重要なアプローチです。

えーと

この重さは〜…

具体的な数字を積み重ねていくことで

イメージをふくらませて予測を立てる

まさに実験と同じわけです

ほー

第3部　どんな問題にも通じる10のアプローチ

［アプローチ その8］
視覚化する

> **効能**　最大値・最小値問題の特効薬であるだけでなく、
> 数式だけでは見えてこない性質が一目瞭然になる。

　昔から百聞は一見に如かずと言うように、言葉や数式だけの情報より、画像やグラフから得られる情報は圧倒的に豊富です。数学でも問題をうまく視覚化することができれば考えづらかった問題が直感的に理解できるようになり、全体が一挙に見通せるようになります。

最大値・最小値問題の特効薬

> **問題**　次の2次関数の最大値と最小値を求めなさい。
> $$y = x^2 + 1 \quad (-1 \leq x \leq 2)$$

　さあ、これくらいならまだ視覚化をしなくても考えることができるかもしれませんね。しかし中学生にこの問題を解かせると、半分くらいの子は
「xの値の範囲は-1から2だね……ということは、$x = -1$のとき、$y = (-1)^2 + 1 = 2$で、$x = 2$のとき、$y = 2^2 + 1 = 5$だから……最小値が2で、最大値が5！」
と答えてしまいます。この答えの誤りに皆さんはお気づきですか？　そう

ですね。最小値が違いますね。最小値は $x=-1$ のときではなく、$x=0$ のときで、$y=0^2+1=1$ より最小値は 1 です。このことを言葉だけで理解させるのはちょっと骨がおれます。

　「いいかい、x^2 は『ある数の 2 乗』だから、マイナスの数になることはないね。つまり、$x^2 \geqq 0$ だね。ということは x^2 が一番小さくなるのは $x^2=0$、つまり $x=0$ のときだ。今回の x の範囲に 0 は含まれているかな？……含まれているね。じゃあ、そのときが最小値になるね！」のような説明をするわけです。しかし、これはややまどろっこしい説明です。だから実際には、上記のように間違ってしまった生徒さんにはただ一言
　「グラフを書いてごらん」
と言うだけです。すると、間違った生徒さんのほとんどはそれを書いている途中くらいで自分の間違いに気づいてくれます。そうですね。$y=x^2+1$ のグラフは

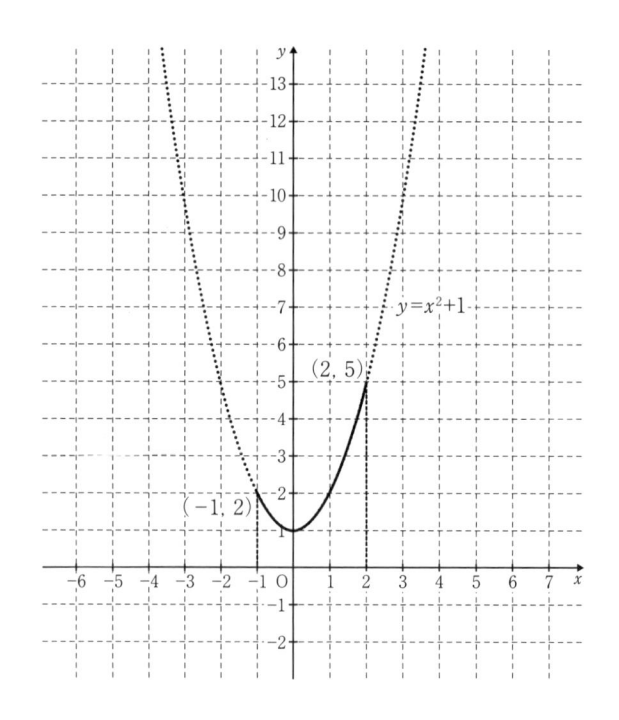

となりますから、yの値が一番小さくなるのは、$x=0$のときであるのは一目瞭然です。視覚化をすることの最大の理由はまさにこの「一目瞭然」であることです。これは中学生の問題ですが、関数の最大値・最小値を求める場合、グラフを書いて関数の増減を視覚化し、yの値が一番大きくなるところと一番小さくなるところを捉えていくことが基本になるのは、この先勉強が進んで関数が複雑な形になっても変わることはありません。

連立方程式を解く途中、と考える!

第2部で「グラフと連立方程式の繋がりを意識する」というお話をしました。その考えを応用していきます。

問題 方程式

$$|x^2 + x - 2| + x - k = 0$$

の実数解の個数が4個になるようなkの値の範囲を求めなさい。

【絶対値】
$|a|$ は中1で数直線上の原点からaまでの距離という意味で習いますが、高校では

$$|a| = \begin{cases} a & (a \geqq 0 \text{の場合}) \\ -a & (a < 0 \text{の場合}) \end{cases}$$

としっかり場合分けできることが大切です。

これはまたとっつきづらそうな問題です。これを式のまま解いていこうとすると、まず絶対値の中身が正になる場合と負になる場合とで場合分けをして、その範囲における解の個数を調べていって……と2次方程式の「解の配置問題」(というのがあります)を何回か解かなくてはいけません。面倒そうだ、というのが正直な感想でしょう(私もそう思います)。そこで、この問題を視覚化できないか、と考えます。

そのために、与えられた式のkを右辺に移項して

$$|x^2+x-2|+x=k \quad \cdots ①$$

と変形し、これを

$$\begin{cases} y=|x^2+x-2|+x & \cdots ② \\ y=k & \cdots ③ \end{cases}$$

という連立方程式を解く途中であると考えるのです。

　どういうことかといいますと、最初に②と③の連立方程式が与えられていて、それを解こうとすると、次のステップとして、②のyを③のyに代入して、①の形の式を作りますよね、ということです。つまり、与えられた式を変形した①の式が連立方程式を解く途中の式だと考えることで、

　　　　①の解の個数＝グラフの交点の個数

だと考えることができるのです。

　では、②と③のグラフを書いてみましょう。

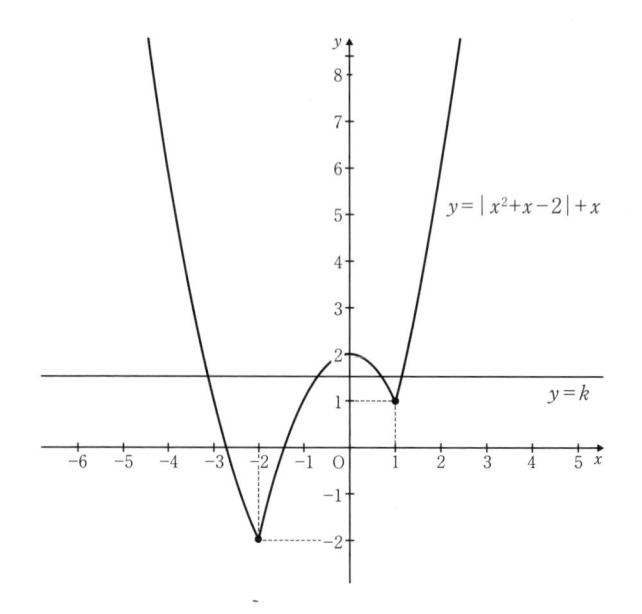

じつは②のグラフを書くためにはやはり絶対値の中身について場合分けをして平方完成（35頁）をする、という作業を2回する必要があって、それにも一定量の計算が必要ですが、その計算過程は割愛させてもらって、結果だけを書いています。

このグラフで交点が4個になるのはkが1と2の間のときですね。よって、求める答えは

$$1 < k < 2$$

ということになります。

最後に数Ⅲの問題にチャレンジしてみましょう。数列の極限を求める問題ですが、この視覚化を使えば、中学生の知識でもほぼ解けてしまいます。

> **問題** 数列$\{a_n\}$が
> $$a_1 = 1$$
> $$a_{n+1} = \frac{1}{3}a_n + 3 \ (n = 1, 2, 3 \cdots)$$
> によって定義されるとき、$\lim_{n \to \infty} a_n$を求めなさい。
>
> （京都産業大学）

「中学生の知識で解ける」と言っても、$\lim_{n \to \infty} a_n$については説明が必要ですね。これはいわゆる「極限」と呼ばれるものですが、大雑把に言ってしまうと「nを限りなく大きくしていったときの数列$\{a_n\}$が近づく値」という意味です（←本当に大雑把ですが……）。

はい、ではこれだけの予備知識で、この問題を解いていきたいと思います。まず与えられた漸化式（a_nとa_{n+1}の関係式）

$$a_{n+1} = \frac{1}{3}a_n + 3$$

から

$$y = \frac{1}{3}x + 3$$

という直線の式を考えて、これを座標軸に書くと、x軸上にa_nを取ったときの、y軸上の値がa_{n+1}の値になります。次にこれをくり返してa_{n+2}、a_{n+3}…と値を確認していくにはy軸上の値をx軸上に移す必要があるので、同じ座標軸上に$y=x$の直線も書き入れます……とこれだけではよくわからないと思いますので、具体的にやってみます。

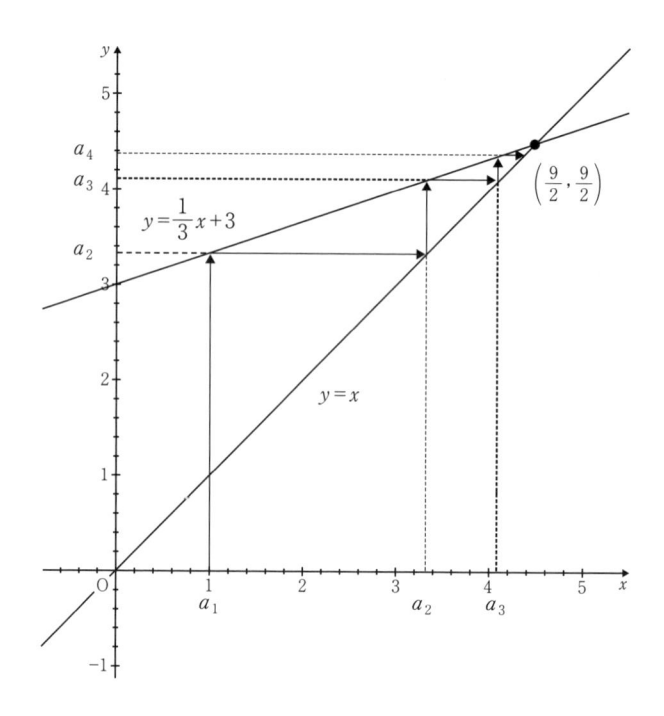

x が a_1 のとき $y = \frac{1}{3}x + 3$ 上の点は

$$y = \frac{1}{3}a_1 + 3 = a_2$$

ですから、(a_1, a_2) になります。このあと、
(a_1, a_2) から x 軸に平行に伸ばした直線と $y = x$ との交点は (a_2, a_2)
(a_2, a_2) から y 軸に平行に伸ばした直線と $y = \frac{1}{3}x + 3$ との交点は (a_2, a_3)
(a_2, a_3) から x 軸に平行に伸ばした直線と $y = x$ との交点は (a_3, a_3)
……という風に繰り返していくと、上のグラフから明らかに数列 $\{a_n\}$ は

$$\begin{cases} y = \frac{1}{3}x + 3 & \cdots ① \\ y = x & \cdots ② \end{cases}$$

の2つの直線の交点に近づいていくことがわかりますね。そこで、この2つの連立方程式を解いて、2つの直線の交点を求めます。
　②を①に代入して

$$x = \frac{1}{3}x + 3$$
$$\Longleftrightarrow \quad \frac{2}{3}x = 3$$
$$\Longleftrightarrow \quad x = \frac{9}{2}$$

　②より

$$y = \frac{9}{2}$$

ですから、①と②の直線の交点は

$$\left(\frac{9}{2}, \frac{9}{2}\right)$$

です。

数列 $\{a_n\}$ はこの交点に近づいていくわけですから、

$$\lim_{n \to \infty} a_n = \frac{9}{2}$$

と求まります。

グラフに a_1, a_2, a_3…と対応させていくところの理解がちょっと難しいかもしれませんが、本来ならば、与えられた $a_{n+1} = \frac{1}{3} a_n + 3$ の漸化式を解いて、等比数列の極限についても学ばなければ解けない問題が、ほぼ中学の知識だけで一目瞭然に解けてしまうところを味わってもらいたいと思います。

飛び石に橋を架ける

ちょっと小難しい話になってしまいますが、上で見たような数列や整数は値が飛び飛びに存在しています（離散的と言います）。実数全体のように連続した数を扱うのと違って、このような離散的な数を扱うことは一般に難しくなることが多いです。その難しさは喩えるなら、飛び石しか設置されていない川を渡るような難しさです。しかし、そこにグラフという、値が「連続」しているものを導入することで、飛び石の上に橋を架けるような楽さが生まれます。ですから、数列や整数の問題をグラフを用いて考えると急に簡単になる場合は少なくありません。

いかがでしたか？　以上のように数学では視覚化に成功すると、直感的な理解が可能になります。真面目な（？）数学では直感的な理解だけでは勘違いや早合点の可能性があるので、しっかりと理論的に詰めていくこと

が必要になることもありますが、たとえ後で検証が必要であるにしても、一目瞭然に解けてしまう見通しの良さはなにものにも代え難いものです。

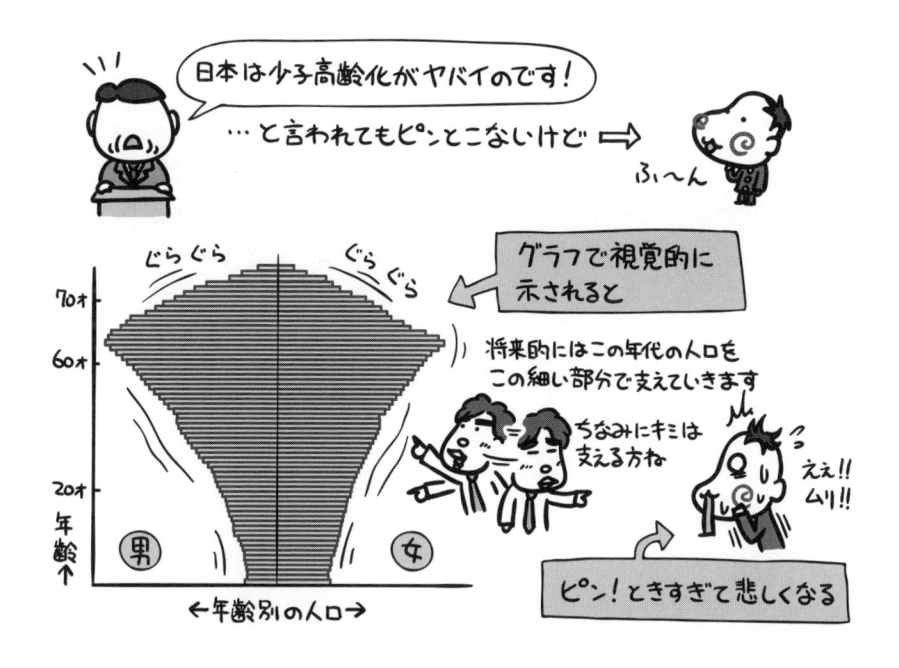

[アプローチ その9]
同値変形を意識する

> **効能** 必要条件と十分条件を意識することで、自分の考え方が明解になり、「必要条件による絞り込み」もできるようになる。

「同値変形」についてお話するには、まず必要条件と十分条件について理解してもらわなくてはなりません。いえ、全然難しくないので安心してください。

こんな例で考えてみましょう。今、

$$\begin{cases} P：千代田区在住である \\ Q：東京都在住である \end{cases}$$

という2つの命題（＝客観的に判断できる事柄）を考えることにします。
このとき、
「千代田区在住ならば東京都在住である」はもちろん正しいですね。つまり、「PならばQ」は真です。
一方、「東京都在住ならば千代田区在住である」は正しいとは言えませんね。東京都在住でも、渋谷区や世田谷区など千代田区在住でない人はたくさんいるからです。よって「QならばP」は偽です。

以上を図にするとこんな感じになります。

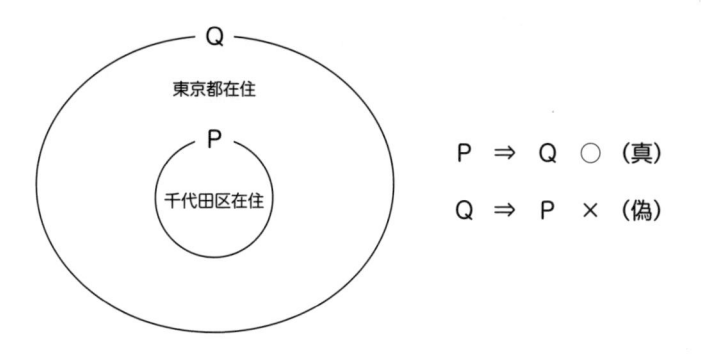

第3部　どんな問題にも通じる10のアプローチ

```
        Q
     東京都在住
        P              P ⇒ Q  ○（真）
     千代田区在住
                       Q ⇒ P  ×（偽）
```

> 上の図の「⇒」は「ならば」という意味です。ちなみにパソコンで「ならば」と打って変換すると「⇒」が出てきます。

　ここで
「千代田区在住は東京都在住であるために十分（文句なし！）」
「東京都在住は千代田区在住であるために（少なくとも）必要」
とも言うことができるので、一般に「P⇒Q」が真のとき、

$$\begin{cases} PはQであるための十分条件 \\ QはPであるための必要条件 \end{cases}$$

と言います。別の言い方をすれば⇒の根本にいられて、先っぽにはいられない条件を十分条件、逆に⇒の先っぽにいられて、根本にはいられない条件を必要条件と言います。

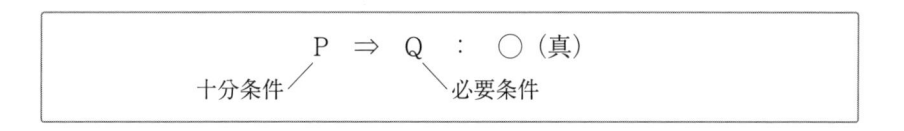

```
          P  ⇒  Q  ：  ○（真）
        十分条件      必要条件
```

　さらに別の言い方をすれば、

　　　　条件の厳しい方（領域的に小さい方）：十分条件
　　　　条件のゆるい方（領域的に大きい方）：必要条件

です。

必要十分条件（同値）とは

　特に「P⇒Q」と「Q⇒P」の両方がともに成り立つとき、PとQは互いに必要十分条件である、と言います。そして、「PとQが必要十分条件である」ことを「PとQは同値である」とも言います。このとき、記号では

$$P \Leftrightarrow Q$$

と書きます。

> この「⇔」はこの本の中でも既出ですが、「反対」という意味ではなく「同値」あるいは「必要十分条件」という意味です。ちなみにパソコンで「どうち」と打つと「⇔」に変換されます。

　PとQが必要十分条件である例を考えてみましょう。たとえば、野球の試合で、

　　P：AチームがBチームより多く得点する
　　Q：AチームがBチームに勝つ

とすると、

$$P \Rightarrow Q$$
$$Q \Rightarrow P$$

がともに成り立つことは明らかですね。よって、PとQは必要十分条件である（PとQは同値である）、つまり同じことを言っているとわかります。

式変形は同値変形

今まであまり意識してこなかったかもしれませんが、数学における式変形というのはいつも同値変形でなくてはいけません。

【同値変形】
PとQが同値（必要十分条件）のとき、すなわちP⇔Qのとき、PをQで言い換えることを「同値変形」と言います。
先の例で言えば、
「AチームがBチームより多く得点する」を「AチームがBチームに勝つ」と言い換えるのは同値変形です。

たとえば、

$$x^2 + 3x + 2 = 0$$

の2次方程式を解くとき、これを

$$(x+1)(x+2) = 0$$

と因数分解をしますね。これは
「$x^2 + 3x + 2$」を因数分解すれば「$(x+1)(x+2)$」に
「$(x+1)(x+2)$」を展開すれば「$x^2 + 3x + 2$」に
なることから、

$$x^2 + 3x + 2 = 0 \quad \Leftrightarrow \quad (x+1)(x+2) = 0$$

であるからです。さらに言えば、

$$(x+1)(x+2) = 0$$
$$\Leftrightarrow \quad x+1 = 0 \text{ または } x+2 = 0$$
$$\Leftrightarrow \quad x = -1 \text{ または } x = -2$$

と同値変形されていくので、与えられた2次方程式の答えを「$x = -1$または$x = -2$」であると結論づけることができるわけです。

でも、自分が行なっている式変形が同値変形であるかどうかを意識して

いる人は少数派です（ですよね？）。ただし、これからはそうはいきません。次のような例は、同値変形を意識していないと誤答してしまいます。

同値変形であるかどうかを意識する

> **問題** 次の関数
> $$y = (x^2 - 2x - 1)^2 + 8(x^2 - 2x - 1) + 20$$
> の最小値と、そのときのxの値を求めよ。
> （中部大学）

　式がやや複雑ですが、ギョッとしないでくださいね。一見してわかるように（ ）の中は同じ式 $[x^2 - 2x - 1]$ ですから、これをtとでも置けば

$$y = t^2 + 8t + 20$$

と書き換えることができて、tの2次関数として考えることができそうです……。

　しかし！　ここで安心してはいけません。与えられた式をこのように書き換えた時点で同値変形ではなくなっています！　なぜだかわかりますか？　そうです、tの値に範囲があるのです。どういうことかと言いますと、平方完成（35頁）により

$$\begin{aligned} t &= x^2 - 2x - 1 \quad \cdots ① \\ &= (x-1)^2 - 1 - 1 \\ &= (x-1)^2 - 2 \end{aligned}$$

ですから、縦軸にt、横軸にxを取ってグラフを書いてみる（前節で見たように最大値・最小値問題は視覚化します）と、

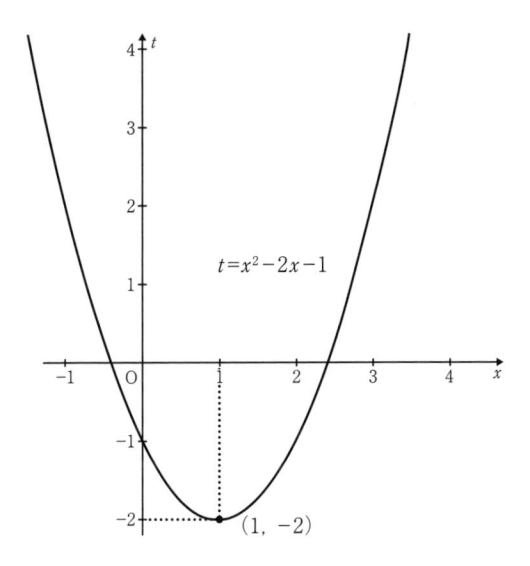

第3部　どんな問題にも通じる10のアプローチ

のようになりますので、tはどんな値でも取れるわけではなく、$t \geqq -2$であることがわかります。

そこで同値変形をするには、この条件を付け加えなければなりません。すなわち

$$y = (x^2 - 2x - 1)^2 + 8(x^2 - 2x - 1) + 20$$
$$\Leftrightarrow \begin{cases} y = t^2 + 8t + 20 \\ t \geqq -2 \end{cases}$$

だということです。

では改めて、yの式を平方完成してグラフを書いてみます。

$$\begin{aligned} y &= t^2 + 8t + 20 \\ &= (t + 4)^2 - 16 + 20 \\ &= (t + 4)^2 + 4 \end{aligned}$$

です。グラフの中で$t \geqq -2$の部分だけ実線で書いてみると

（グラフ：$y = t^2 + 8t + 20$、点 $(-2, 8)$）

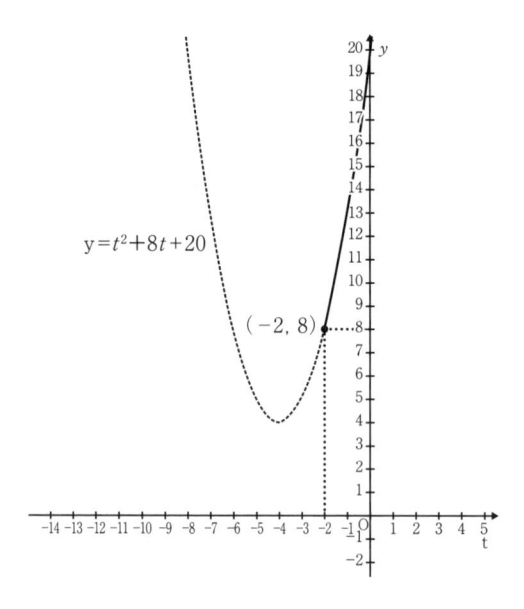

となりますから、これより $y \geqq 8$ であることがわかりますね。そして、$y = 8$ のとき $t = -2$ です。①より

$$-2 = x^2 - 2x - 1$$
$$x^2 - 2x + 1 = 0$$
$$(x - 1)^2 = 0$$
$$\therefore \quad x = 1$$

以上より、$x = 1$ のとき、最小値 8 が答えになります。

 この問題の最大のポイントは、$x^2 - 2x - 1$ を t で置き換えたときに t に値の範囲があることに気がつくことです。新しい文字で何かを置き換えたときに、その新しい文字の変域（値の範囲）を調べておくことは、数学の定石ですが、そのことは同値変形を常に意識できていれば、自ずと出てくる発想です。
 また同値変形を意識することはすなわち、今考えている条件が必要条件なのか、十分条件なのかを考えることでもあり、それを意識することは、

論理的に考えるための最も重要な基礎になります。

では同値変形を意識しないと誤答してしまう例をもう1題考えてみましょう。

問題 次の方程式を解きなさい。
$$x - 2 = \sqrt{x}$$

ごくごく単純な式です。そして$\sqrt{}$が入っているので、両辺を2乗したくなるのは人情です。でも、だからと言って

$$(x-2)^2 = x$$
$$x^2 - 4x + 4 = x$$
$$x^2 - 5x + 4 = 0$$
$$(x-1)(x-4) = 0$$
$$x = 1 \text{ または } x = 4$$

と答えを出してよいでしょうか？

検証してみましょう。まず$x=4$を与えられた式に代入してみると

$$4 - 2 = \sqrt{4}$$

で正しいですね。しかし$x=1$を最初の式に代入してみると

$$1 - 2 = \sqrt{1}$$

となって、明らかに不適です。なぜ間違った答えも出てきてしまったのでしょうか？ それは、最初に両辺を安易に2乗してしまったからです。
一般に、

$$A = B \quad \Rightarrow \quad A^2 = B^2$$

は真ですが、

$$A^2 = B^2 \Rightarrow A = B$$

は真ではありません［反例：A＝(－3)、B＝3］。よってA＝BとA²＝B²は同値ではなく、

$$A = B \Rightarrow A^2 = B^2$$

だけが成り立つので、$A^2 = B^2$は「⇒」の先っぽにしかいられない条件、すなわち必要条件です。だから、$A^2 = B^2$から得られた答えは必要条件に過ぎないのです。千代田区在住であるための条件を出すのに、まずは東京都在住のための条件を出したようなものです。

「じゃあ、2乗しちゃいけないの？」と思うかもしれませんが、そうではありません。一般に、両辺を2乗してしまうと同値変形にならずに、必要条件（ゆるい条件）になってしまうことがわかっていればよいのです。そして、得られた必要条件について、十分条件かどうかを検証することで正しい答えに到達（今回の問題では$x = 4$）できれば文句ありません。

　数学ではしばしば、まず必要条件によって解を絞り込み、その後で十分条件であるかどうかを検討する、という手法を取ります。これは同値変形が困難なときに大変重要なアプローチの方法です。

必要条件による絞り込みと、十分条件であることの検討

　「なんだか、ややこしいなあ」と思ったことでしょう……でも、じつは日常生活を送っていると、誰もが知らず知らずのうちに「必要条件による絞り込み」を行なっています。たとえば、あなたがトマトを買いにスーパーに行くとします。まずは野菜売り場に向かいますね？　トマトであるためにはまず野菜であることが「必要」だとわかっているからです。図にするとこんな感じですね。

```
┌─────────────────────────────────┐
│  スーパー                        │
│         ┌──────────────┐        │
│         │  野菜売り場    │       │
│         │    ┌─────┐    │       │
│         │    │トマト│    │       │
│         │    └─────┘    │       │
│         └──────────────┘        │
└─────────────────────────────────┘
```

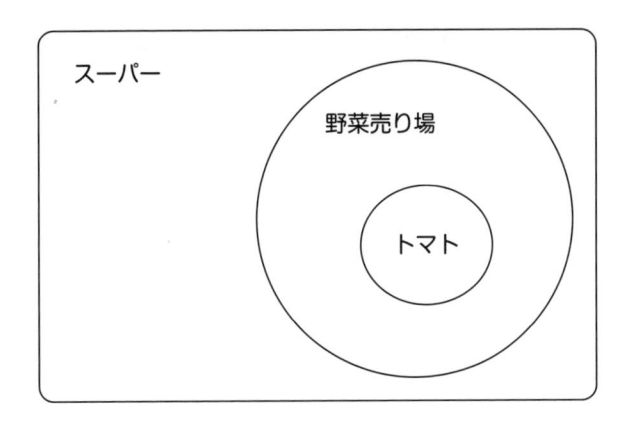

　私たちが普段何かを選択していくときには、ほとんどこの必要条件による絞り込みを行なっていると言っても過言ではないでしょう。そして、ある程度候補を絞り込んだ後は、自分にとってそれが満足できるものであるかどうかをチェックしますよね？　トマトの例で言えば、棚のトマトが美味しそうなトマトかどうか、服に関しては今日の気分やコーディネートに合うかどうかを検討して最終的に決定しているはずです。

　じつはこれは

必要条件による絞り込み　→　十分条件であることの検討

という大変数学的な選定方法なのです。

　ではこのことを意識しながら次の問題をやってみましょう。

問題　次の等式が x についての恒等式になるように、定数 a、b、c の値を定めよ。

$$x^3 + 3x^2 + 3x + 2 = (x-1)^3 + a(x-2)^2 + b(x+1) + c$$

（札幌大学）

ちょっと懐かしい（？）「恒等式」という言葉が出てきましたね。覚えていますか？　おさらいしておきましょう。

> 【恒等式】
> ある文字についての等式で、その文字にどのような値を代入しても成り立つものを、その文字についての恒等式と言う。

ある特定の値を代入したときにしか成り立たない方程式（前にお話ししましたね）と対照的です。恒等式は「どんな値を代入しても成り立つ」わけですが、すべての値を代入してみることなどできるわけありません。そこで、もっとゆるい条件＝必要条件を考えてみることにします。

　　どんな値を代入しても成り立つ　⇒　適当な値を代入しても成り立つ

と考えて、いくつか計算に都合がよさそうな値を代入してみましょう。式の形から、計算に都合がよさそうなのは

$$x = 1,\ 2,\ -1$$

ですね。与えられた式の x にどんな値を代入しても成り立つのなら、少なくともこれらの３つの数字を代入しても成り立つことが必要です。

$x = 1$ のとき

$$1^3 + 3 \cdot 1^2 + 3 \cdot 1 + 2 = (1-1)^3 + a(1-2)^2 + b(1+1) + c$$
$$\therefore 9 = a + 2b + c$$

$x = 2$ のとき

$$2^3 + 3 \cdot 2^2 + 3 \cdot 2 + 2 = (2-1)^3 + a(2-2)^2 + b(2+1) + c$$
$$\therefore 28 = 1 + 3b + c$$

$x = -1$ のとき

$$(-1)^3 + 3 \cdot (-1)^2 + 3 \cdot (-1) + 2 = (-1-1)^3 + a(-1-2)^2 + b(-1+1) + c$$
$$\therefore 1 = -8 + 9a + c$$

ですから、それぞれを整理すると

$$\begin{cases} a + 2b + c = 9 \\ 3b + c = 27 \\ 9a + c = 9 \end{cases}$$

という連立方程式を得ます。これを解くと(計算は割愛します)、

$$a = 6、b = 24、c = -45$$

になります。

　でも待ってくださいね。ここで、「できた！」と喜ぶのはまだ早いです。忘れちゃいけません。これは$x = 1、2、-1$の3つの値を代入したときに成り立つための必要条件を出したにすぎないのです。今度はこれが十分条件になっているかどうかを調べなくてはいけません。

　$a = 6、b = 24、c = -45$のとき、与えられた式の右辺は

$$(x-1)^3 + 6(x-2)^2 + 24(x+1) - 45$$

となりますので、これを展開して計算してみましょう。

$$(x-1)^3 + 6(x-2)^2 + 24(x+1) - 45$$
$$= x^3 - 3x^2 + 3x - 1 + 6x^2 - 24x + 24 + 24x + 24 - 45$$
$$= x^3 + 3x^2 + 3x + 2$$

となって、左辺に一致します。左右が同じ式になりましたから、当然どんな値を代入しても、この等式は常に成り立ちます。これで必要条件として求めた$a = 6、b = 24、c = -45$は、与式が恒等式であるための十分条件でもあることがわかりました。

以上より

$$a = 6、b = 24、c = -45$$

考え方に名前をつける

　数学に限らず、何かしら問題を考えているときに頭の中がゴチャゴチャしてくることがありますよね？　そんなときは、自分が必要条件を考えているのか、十分条件を考えているのかを確認してみましょう。そうやって考え方に「名前」をつけてあげることはモヤモヤした頭の整理に大変役立ちます。

　余談ですが、指揮者の小澤征爾さんの師匠である斎藤秀雄氏が考案された「斎藤指揮法」についてお話したいと思います。斎藤指揮法は今では「Saito-method」として世界中の音楽学校で教えられており、指揮者を目指す者にとっては必須だとも言われていますが、じつはその指揮法そのものに奇抜なところや独特なところはほとんどありません。斎藤指揮法が画期的だったところは、それまでの指揮者がほとんど無意識のうちに行なっていた腕の運動に「叩き」「跳ね上げ」「平均運動」といった名前をつけて、それを指揮者に意識させたことです。それにより指揮者は自分がどのような腕の動きで、何を伝えたいのかを明確に意識するようになり、結果として奏者も指揮者の意図が理解しやすくなります。こうして斎藤指揮法は「わかりやすい指揮法」として世界的な地位を確立したのでした。

　同じように、自分が考えている条件が、必要条件、十分条件、必要十分条件（同値）のうちどの条件であるかを意識することは、思考そのものを明確にするために大いに有効なのです。

　この節は少し長くなってしまいましたが、必要条件、十分条件を理解して同値変形であるかどうかを常に意識することは、数学の論理の中で最も重要なことであると言っても過言ではありません。この考え方なくしていかなる数学も展開できない、とさえ言えると思います。

第3部　どんな問題にも通じる10のアプローチ

［アプローチ その10］
ゴールからスタートをたどる

効能 証明問題の道筋が見えるようになり、「ヒラメキ」が必然になる。

証明問題は多くの人が苦手にしています。その理由は
① 書き方がわからない
② どう始めたらいいかわからない
の2つが多いように思います。

①の書き方についてですが、結論から言えば**どう書いても構いません。**コツは、**自分よりちょっとわかっていない人に「説明」してあげるつもりで書く**ことです。最初は計算用紙などに下書きしてみて、
「あ、このことはちゃんと説明してあげないとわかりづらいなあ」
と推敲してから清書するとよい証明が書けると思います。

よく中学生の証明問題やセンター試験での証明問題で、すでに完成した証明が書いてあってその一部の虫食い（空欄）に、あてはまる数字なり数式なりを埋めていく問題があります。まだ証明問題に不慣れで、一から構築することが難しい中学生や、マーク式の問題形式ではそういう風な出題方法が適しているのだとは思いますが、この手の問題が証明には決まった形がある、という勘違いを生んでいるようにも思います。

繰り返しますが、証明に決まった形はありません。1つの物語の語り方は幾通りもあるように、証明も自分の好きなように書いてよいのです。

ゴールの1行前を考える

①にくらべて②の方が問題は深刻だと思います。そもそもどういう切り口で始めたらよいかが皆目見当がつかない場合です。そんなときは逆から解答を作っていきましょう。証明問題というのは、いつも結論はすでに出ています。つまり、ゴールはすでに見えているわけです。これを利用しない手はありません。証明をどう始めたらよいかわからないときは、ゴールからスタートをたどりましょう。つまり、その<mark>ゴール（結論）の1行前には何が言えていればいいかを考える</mark>のです。

例題で考えてみます。

問題 $a>0$、$b>0$ のとき、
$$\frac{a+b}{2} \geq \sqrt{ab}$$
を証明しなさい。

という問題があるとします。これはいわゆる相加・相乗平均の式と言って数Ⅱで習う重要な式です（今は名前はどうでもよいです）。

この証明を逆からたどってみます。結論の
$$\frac{a+b}{2} \geq \sqrt{ab}$$
が言えるためには、この式1行前は
$$a+b \geq 2\sqrt{ab}$$
が言えればよいことがわかります。さらに1行前は
$$a+b-2\sqrt{ab} \geq 0 \quad \cdots ①$$

が言えればよいですね。さあ、ここで考えるわけです。左辺がいつも0以上になることが言えればいいわけですが、「いつも0以上」から

$$()^2 \geqq 0$$

が使えないか、と考えられれば、しめたものです。つまり左辺が何かの2乗になっていれば嬉しいわけです。そう言えば、

$$(a-b)^2 = a^2 - 2ab + b^2$$

という乗法公式がありましたね。①は

$$a + b - 2\sqrt{ab} = a - 2\sqrt{ab} + b$$

と順番を入れ替えれば、この乗法公式の右辺ととてもよく似ています。ここで$\sqrt{a^2}=a$、$\sqrt{b^2}=b$であることを使えば、

$$a - 2\sqrt{ab} + b = \sqrt{a^2} - 2\sqrt{ab} + \sqrt{b^2} = (\sqrt{a} - \sqrt{b})^2 \geqq 0$$

となります＼(^o^)／
　また、この式から$a=b$のときに等号（＝）が成立することもわかります。と……ここまでは下書きです。次にいよいよ清書として答案（証明）を書いていくわけですが、そのときは今の逆を書けばよいのです。すなわち、

【証明】
$a>0$、$b>0$のとき、

$$(\sqrt{a} - \sqrt{b})^2 \geqq 0$$

より、

$$(\sqrt{a} - \sqrt{b})^2 = \sqrt{a^2} - 2\sqrt{ab} + \sqrt{b^2} = a - 2\sqrt{ab} + b \geqq 0$$

だから

$$a - 2\sqrt{ab} + b \geqq 0$$

よって、

$$a + b \geqq 2\sqrt{ab}$$

両辺を2で割って

$$\frac{a+b}{2} \geqq \sqrt{ab}$$

また最初の式より、等号成立は $a = b$ のときである。(証明終)

……とこんな感じです。しかし、この問題に対してこの証明だけが「解答」として載っていたとすると、

「最初の $(\sqrt{a} - \sqrt{b})^2 \geqq 0$ なんて逆立ちしたって出てきそうにないぞ…こんなのが思いつけるのは数学の才能がある人だけだ。

しょうがない、この証明は $(\sqrt{a} - \sqrt{b})^2 \geqq 0$ から始めるのだと覚えておこう……」

という感想を持ってしまうのは無理もありません。しかし、決してヒラメキから $(\sqrt{a} - \sqrt{b})^2 \geqq 0$ という式が出てきたのではありません。先に見たように、ゴールからスタートをたどることで、一見ヒラメキだと思った発想が、必然的に出てくる発想だと思えるようになります。

図形問題の例題

もう1つ例題をやってみましょう。

> **問題** PA = PB = PC である三角錐 P − ABC がある。頂点Pから底面ABCに下ろした垂線の交点をOとすると、Oが三角形ABCの外心になることを証明しなさい。

201

証明に入る前に「三角形の外心」のおさらいです。

【三角形の外心】
　　　　　　　　三角形の外接円の中心。

これだけです。

　さあ、では証明を考えていきましょう。あまり役には立ちませんが、雰囲気をつかんでもらうために見取り図を書いておきます。

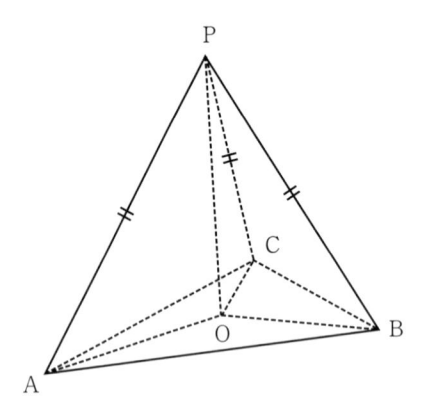

問題に与えられた仮定は

$$\begin{cases} PO は三角形 ABC に下ろした垂線 \\ PA = PB = PC \end{cases}$$

ですが、どう考えたらよいかちょっとピンと来ない人が多いと思います。

　そこでゴールからスタートをたどってみましょう。証明のゴールの1行前には何が言えていればよいかを考えます。Oが三角形ABCの外心であるとき、図で書くと

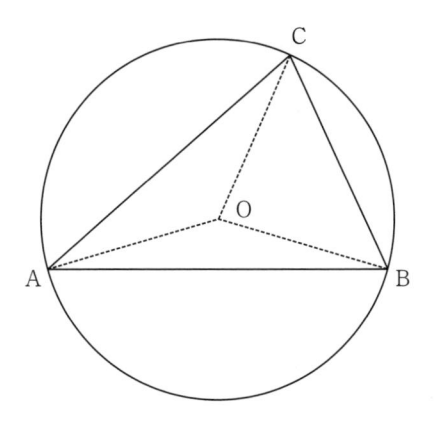

のようになります。Oが円の中心であるということは……そう、

$$OA = OB = OC$$

ですね。これが言えれば、Oが三角形ABCの外接円であると言うことができます。よって「OA = OB = OC」が、「ゴールの1行前」です。

次はさらにこの1行前をたどります。見取り図からOAやOBやOCを含む図形を探しましょう。すぐに見つかりますね。そうです。△PAOと△PBOと△PCOです。この3つの三角形から、OA = OB = OCを言うには……そうです。

$$△PAO と △PBO と △PCO が合同$$

であることが言えればよいです。それは言えそうでしょうか？

さっそく△PAOと△PBOと△PCOの平面図を書いてみましょう（次元を落とします）。

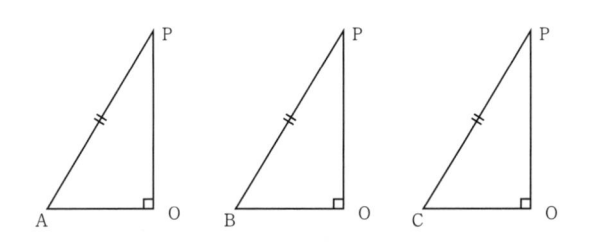

そうすると、

> POは三角形ABCに下ろした垂線
> PA = PB = PC

という2つの仮定から直角三角形の合同条件を使って、3つの三角形の合同を言うことはできそうです！……というわけで、問題に示された仮定にたどり着きました。

　以上、ゴールからスタートをたどった道筋をまとめると

① Oが三角形ABCの外心
↓
② OA = OB = OC
↓
③ △PAOと△PBOと△PCOが合同
↓
④ POは三角形ABCに下ろした垂線 ＆ PA = PB = PC

となりますので、あとはこの逆をたどるだけで証明の完成です。

【証明】
△PAOと△PBOと△PCOについて、仮定より
POは三角形ABCに下ろした垂線であり、かつPA = PB = PCなので

$$\begin{cases} \angle POA = \angle POB = \angle POC = 90° \\ PA = PB = PC \\ PO 共通 \end{cases}$$

直角三角形の合同条件より、斜辺と他の1辺の長さが等しいので△PAOと△PBOと△PCOは合同。
合同な三角形の対応する辺の長さは等しいので
OA = OB = OC
よって、Oは三角形ABCの外心。（証明終わり）

> 証明中に出てきた直角三角形の合同条件をおさらいしておきます。
>
> 【直角三角形の合同条件】
> ① 斜辺の長さと直角以外の1つの角度が等しい。
> ② 斜辺の長さと他の1つの辺の長さが等しい。
>
> 今回は②の条件を使いました。証明を書きたいところですが、紙面の都合もありますので、ここでは割愛します(証明は中学2年生の幾何の教科書等にあると思います)。

この証明だけを見ると
「最初に△PAOと△PBOと△PCOなんて思いつかないよ〜」
という感想を持たれてしまうと思いますが、ゴールからスタートをたどる発想があれば、証明の第一歩としてこの3つの三角形に注目するのは自然なことだと感じてもらえるのではないでしょうか。

ヒラメキが必然になる

このゴールからスタートをたどるアプローチは、証明の道筋を教えてくれるという点で大変有効です。しかし私はそのこと以上に、このアプローチは教科書や問題集の解答に載っている証明が「ヒラメキ」のある人にだけ書けるものではなく、誰もが無理なく考えることのできる必然的な発想だという風に感じられるようになる点が大変重要だと思います。数学が「ヒラメキ」や「センス」のある人の専売特許ではなく、どんな人にも広く門戸の開かれた、もっともっと身近にあるものだと感じてもらえるようになると思うからです。

見事な手品を見せてもらったとき、
「凄い! あの人にはきっとハンドパワーがあるに違いない!」
と感心して、手品師が一般人とは違う「特別な人」に思えたとしても、その種を明かしてもらえば、
「なんだ、そんなことかあ」
と、急に自分にもできそうに思えた経験は誰にもあると思います。

それと同じことを感じてもらうことがこの「ゴールからスタートをたどる」アプローチの最大の効能です。

「どんな問題にも通じる10のアプローチ」もこれで最後です。辛抱強くお付きあいいただき、誠にありがとうございます。

この本で取り上げることのできた例題はほんのわずかでした。この10のアプローチが有効な問題はまだまだたくさんあります。それを確かめるために、今までわからなかった問題、できなかった問題、未知の問題に、どんどんこれらのアプローチを使ってみてください。きっと
「あ、この問題にも使えるな！」
と思ってもらえることと思います。

演習を積むことで初めてこれらのアプローチは、どんな問題にも斬りこむことのできる伝家の宝刀になります。そうなれば、あなたはもう「数学ができない人」ではなくなっているはずです。

第4部

総合問題
10のアプローチを
使ってみよう

さあ、それではここまで学んだ「10のアプローチ」が本当に有効かどうかを東大の理系の入試問題（東大は文系も数学があります）で検証してみましょう。
　「え〜〜、いきなり東大の問題？　しかも理系の問題!?」
と思わないでくださいね。
　設定がシンプルで、中学〜高校1年生程度の数学の範囲でアプローチの効能が実感できる問題を選びましたので、安心してください。
　逆に言えば、そういう意味では「都合のよい問題」を選んでいることは白状します。ただしここでは、私のご都合主義（？）には目をつむってもらって、

「高校1年生程度の内容しか知らなくても、『10アプローチ』を使えば東大の問題だって解けるんだ」

ということをまずは実感してください。もちろん数ⅡBや数ⅢCの内容を学んでもらえば、もっと様々な問題についてアプローチの効能を感じてもらえるはずです。

　以下の解説は解答であると同時に、問題を解くときの私の頭の中の発想＝「アプローチの使い方」をできるだけ明文化したものです。解答としてだけ見ると冗長に感じられると思いますが、その分、じっくり読んでもらえればそれぞれの解答が決してヒラメキによるものではないことがわかってもらえると思います。
　ここは最後の仕上げのつもりで、腰を据えてじっくり取り組んでみてください。

第4部　総合問題：10のアプローチを使ってみよう

総合問題①

2次方程式 $x^2 - 4x - 1 = 0$ の2つの実数解のうち大きいものを α、小さいものを β とする。$n = 1, 2, 3 \cdots$ に対し

$$s_n = \alpha^n + \beta^n$$

とおく。
(1) s_1, s_2, s_3 を求めよ。また $n \geq 3$ に対し、s_n を s_{n-1} と s_{n-2} で表せ
(2) β^3 以下の最大の整数を求めよ
(3) α^{2003} 以下の最大の整数の1の位の数を求めよ

［東京大学　2003年］

【この問題で使うアプローチ】
　　　　アプローチ1「次数を下げる」
　　　　アプローチ2「周期性を見つける」
　　　　アプローチ3「対称性を見つける」
　　　　アプローチ7「帰納的に思考実験する」

さあ、それでは問題に取り掛かってまいりましょう。まず

$$s_n = \alpha^n + \beta^n$$

という式が対称式（130頁）だと気づくところからスタートします。

私の頭の中　　お、与えられている式は対称式だな
　　　　　　　　　　　↓
　　　　対称式は基本対称式（$\alpha + \beta$ と $\alpha\beta$）で表せる！
　　　　　　　　　　　↓
　　　　　$\alpha + \beta$ と $\alpha\beta$ の値を計算しよう！

209

このように考えて、

アプローチ３「対称性を見つける」

を使いました。

　$α$ と $β$ の対称式は $α+β$ と $αβ$ の基本対称式で表すことができるのでしたね。今、$α$ と $β$ は

$$x^2 - 4x - 1 = 0$$

の解です。ここで、「二次方程式の解と係数の関係（数Ⅱ）」を使えば、$α+β$ と $αβ$ の値はすぐにわかりますが、もしこれを知らなくてもこの２つの値を出すことは難しいことではありません。

　$α>β$ ですから、二次方程式の解の公式から、

> 【二次方程式の解の公式】
>
> $ax^2 + bx + c = 0$ のとき、
>
> $$\dfrac{-b \pm \sqrt{b^2 - 4ac}}{2a}$$

$$α = 2 + \sqrt{5}$$
$$β = 2 - \sqrt{5}$$

これより、

$$α + β = (2 - \sqrt{5}) + (2 + \sqrt{5}) = 4 \quad \cdots ①$$
$$αβ = (2 - \sqrt{5})(2 + \sqrt{5}) = 4 - 5 = -1 \quad \cdots ②$$

(1) s_1, s_2, s_3 を求めるのは簡単です。それぞれを基本対称式に変形して、①と②を代入していくだけです。

$$s_1 = \alpha + \beta = 4$$
$$s_2 = \alpha^2 + \beta^2 = (\alpha+\beta)^2 - 2\alpha\beta = 4^2 - 2\times(-1) = 18$$
$$s_3 = \alpha^3 + \beta^3 = (\alpha+\beta)^3 - 3\alpha\beta(\alpha+\beta) = 4^3 - 3\times(-1)\times 4 = 64 + 12 = 76$$

130頁で紹介した変形です

次に「s_n を s_{n-1} と s_{n-2} で表せ」ということですが、

$$s_n = \alpha^n + \beta^n \text{ は } n \text{ 次式}(n \text{ 乗の式})$$
$$s_{n-1} = \alpha^{n-1} + \beta^{n-1} \text{ は } n-1 \text{ 次式}(n-1 \text{ 乗の式})$$
$$s_{n-2} = \alpha^{n-2} + \beta^{n-2} \text{ は } n-2 \text{ 次式}(n-2 \text{ 乗の式})$$

ですね。

私の頭の中

n 次式を $n-1$ 次式と $n-2$ 次式で表せ、ということだな…
↓
つまり「次数下げ」じゃないか！
↓
α と β は二次方程式の解だ
↓
代入できる
↓
次数下げの式が作れるのでは！

と発想して、

アプローチ1「次数を下げる」

を使っていきます。

α と β は $x^2 - 4x - 1 = 0$ の解なので、代入することができて

$$\alpha^2 - 4\alpha - 1 = 0$$
$$\beta^2 - 4\beta - 1 = 0$$

です。これらを

$$\alpha^2 = 4\alpha + 1$$
$$\beta^2 = 4\beta + 1$$

と変形すると、まさに「次数下げ」になります！

今、左辺を α^n、β^n にするために2つの式の両辺にそれぞれ α^{n-2}、β^{n-2} を掛けると、

$$\alpha^n = 4\alpha^{n-1} + \alpha^{n-2}$$
$$\beta^n = 4\beta^{n-1} + \beta^{n-2}$$

になりますね。これらを足しあわせると、

$$\alpha^n + \beta^n = 4(\alpha^{n-1} + \beta^{n-1}) + \alpha^{n-2} + \beta^{n-2}$$
$$s_n = \alpha^n + \beta^n,\ s_{n-1} = \alpha^{n-1} + \beta^{n-1},\ s_{n-2} = \alpha^{n-2} + \beta^{n-2}$$

なので、

$$s_n = 4s_{n-1} + s_{n-2}$$

と表せます。

$$\left[\begin{array}{l}
\text{【別解】ひたすら基本対称式にこだわって考えることもできます。}\\
\qquad s_n = \alpha^n + \beta^n\\
\qquad s_{n-1} = \alpha^{n-1} + \beta^{n-1}\\
\text{ですから、まず、}s_n\text{を}s_{n-1}\text{と基本対称式で表すことを考えると}\\
\qquad (\alpha+\beta)(\alpha^{n-1}+\beta^{n-1})\\
\text{を作ってみようと思うのは、そんなに不自然ではないと思います。これを計算して}\\
\text{みると、}\alpha^n+\beta^n\text{以外に}\alpha\beta^{n-1}+\alpha^{n-1}\beta\text{という余計な項が出てきます。この中に、}\\
\text{基本対称式}\alpha\beta\text{と}s_{n-2}\text{が隠れています。すなわち、}\\
\qquad \begin{aligned}s_n &= \alpha^n + \beta^n\\
&= (\alpha+\beta)(\alpha^{n-1}+\beta^{n-1}) - \alpha\beta^{n-1} - \alpha^{n-1}\beta\\
&= (\alpha+\beta)(\alpha^{n-1}+\beta^{n-1}) - \alpha\beta(\alpha^{n-2}+\beta^{n-2})\\
&= 4 \times s_{n-1} - (-1)s_{n-2}\\
&= 4s_{n-1} + s_{n-2}\end{aligned}
\end{array}\right]$$

(2) は簡単です。

$$\beta = 2 - \sqrt{5}$$

でした。$2 < \sqrt{5} < 3$ より、

$$-3 < -\sqrt{5} < -2$$

各辺に2を加えて

$$2-3 < 2-\sqrt{5} < 2-2$$
$$\therefore \quad -1 < \beta < 0$$
$$-1 < \beta^3 < 0$$

$$\left[\begin{array}{c}
\text{−1と0の間の数は、掛ければ掛けるほど、0に近い数になります。}\\
\text{例)} \quad (-0.5)^2 = 0.25 \quad (-0.5)^3 = -0.125\\
\\
\begin{array}{ccccc}
-2 & -1 & 0 & 1\\
\vert & \vert & \vert & \vert\\
& & \uparrow\,\uparrow & \\
& & \beta\;\;\beta^3 &
\end{array}
\end{array}\right]$$

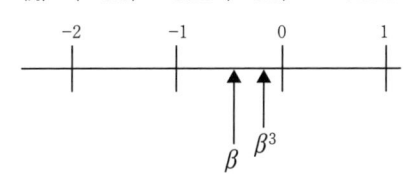

よって、β^3 以下の最大の整数は -1

(3) さあ、メインディッシュです。ここまでの (1)、(2) はこの問題を解くための前菜であり、ヒントになっているはずです。

> この問題に限らず、問題が小問にわかれているときは十中八九、前の問題は後ろの問題のヒントです。

(3) は「α^{2003} 以下の最大の整数の 1 の位の数を求めよ」という問題ですが、(1) や (2) を積極的に使っていきましょう。(1) では s_n を、(2) では β を扱いましたから、今問題になっている α を s_n や β で表してみます（このあたり、必ずうまくいくとわかっているわけではありません。多分に見切り発車です）。

$$s_n = \alpha^n + \beta^n$$

より、n に 2003 を代入して

$$\alpha^{2003} = s_{2003} - \beta^{2003}$$

ですね。

ここで (1) で求めた漸化式（122頁）

$$s_n = 4s_{n-1} + s_{n-2}$$

と、s_n の最初の 2 つ s_1 と s_2 が整数であることから、s_3 以降の s_n はすべて整数なので、s_{2003} も整数です。また (2) と同様に考えて、

$$-1 < \beta^{2003} < 0$$
$$\therefore \quad 0 < -\beta^{2003} < 1$$

つまり $-\beta^{2003}$ は小数点以下の数です。

第4部　総合問題：10のアプローチを使ってみよう

$$a^{2003} = s_{2003} - \beta^{2003}$$
$$= s_{2003} + (-\beta^{2003})$$

より、a^{2003} は整数（s_{2003}）に小数点以下の数（$-\beta^{2003}$）を足した数になるので、a^{2003} と s_{2003} の整数部分は一致することがわかります。つまり、
　　　　「a^{2003} 以下の最大の整数の1の位」＝「s_{2003} の1の位」
なのです。

　ここで、2003という数字はこの問題が2003年の入試だからでしょう。それ以上の意味はなさそうです。また、s_{2003} は2003乗の式ですが、もちろん2003乗の値を計算によって、直接求めることは不可能です。ということは……

私の頭の中

2003乗なんて計算できるわけないじゃん！
↓
2003乗はとても大きな数だ
↓
大きい数を捉えるには…
↓
周期性を見つけよう！

ということで

アプローチ2「周期性を見つける」

を使います。逆に言えば周期性が見つからなければ、答えを出すことはできないだろうと高をくくってしまってもいいと思います。

ということで、私たちの目標は

s_n の1の位の数に周期性を見つける

ことに定まりました！

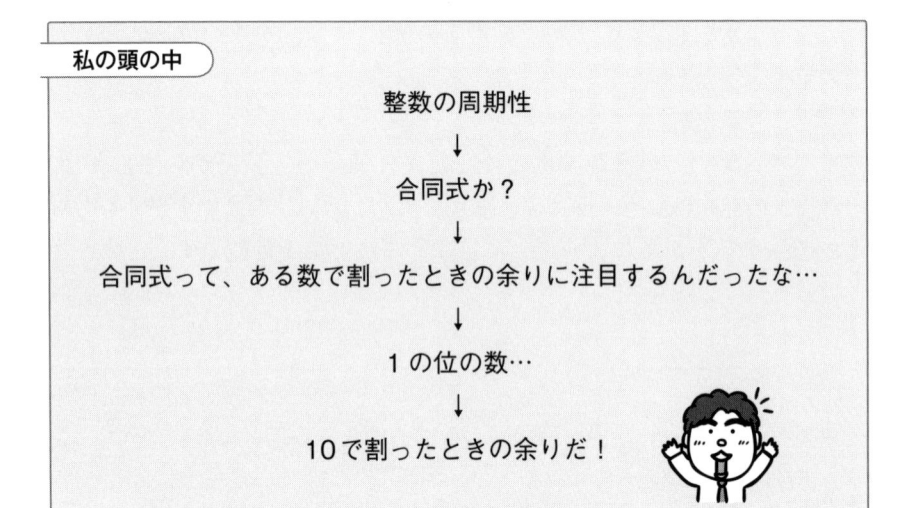

私の頭の中

整数の周期性
↓
合同式か？
↓
合同式って、ある数で割ったときの余りに注目するんだったな…
↓
1の位の数…
↓
10で割ったときの余りだ！

と考えられれば、見通しが立ちます。

> 合同式が、整数の割り算の余りの周期性に注目した考え方であることは、アプローチ2「周期性を見つける」(114頁) で紹介した通りです。
> また、たとえば、十の位が a で一の位が b である2桁の数が
>
> $$10a + b$$
>
> と表せることを思い出せれば（中2くらいで習います）、
>
> 「1の位の数＝10で割ったときの余り」
>
> と発想するのはそう突飛なことではないと思います。

合同式の性質をおさらいしておきますね。

第4部　総合問題：10のアプローチを使ってみよう

【合同式について】
$$a \equiv b \pmod{m}$$
とは a と b は m で割ったときの余りが同じ、という意味でした。たとえば、8 と 13 は 5 で割ったときの余りが同じなので、
$$8 \equiv 13 \pmod{5}$$
と書くことができます。これを合同式といい、「8 と 13 は 5 を法として合同だ」という言い方をします。
合同式には次の性質があります。

$a \equiv b \pmod{m}$, $c \equiv d \pmod{m}$ であるとき
- 性質①　$a + c \equiv b + d \pmod{m}$
- 性質②　$a - c \equiv b - d \pmod{m}$
- 性質③　$ac \equiv bd \pmod{m}$
- 性質④　$a^n \equiv b^n \pmod{m}$

ということで、s_{2003} の 1 の位を求めるために、s_n を 10 で割ったときの余りに周期性を見つけていきたいと思います。

もちろん、黙っていても周期性は見つかりません。

【私の頭の中】
s_n を 10 で割ったときの余りに周期性を見つけるぞ
↓
いくつか具体的に計算してみよう
↓
合同式の性質をうまく使いたいな

と考えて、

アプローチ7「帰納的に思考実験する」

の出番です。まずは n に具体的な数字を代入していきます。計算には適宜、合同式の性質を使っていきます。

(1) より

$$s_n = 4s_{n-1} + s_{n-2}$$

でしたね。$s_1 = 4$、$s_2 = 18$ だったので、

$$s_1 = 4 \equiv 4 \ (mod\ 10)$$
$$s_2 = 18 \equiv 8 (mod\ 10)$$

です。s_3 以降は先ほどの合同式の性質を使っていきます。

$$s_3 = 4s_2 + s_1 \equiv 4 \times 8 + 4 \equiv 36 \equiv 6(mod\ 10)$$

$$\left[\begin{array}{c} s_2 \equiv 8 \text{より、} 4s_2 \equiv 4 \times 8 \text{（性質③）} \\ s_1 \equiv 4 \text{より、} 4 \times 8 + s_1 \equiv 4 \times 8 + 4 \text{（性質①）} \\ \text{以下同様に進めていきます。} \end{array}\right]$$

$$s_4 = 4s_3 + s_2 \equiv 4 \times 6 + 8 \equiv 32 \equiv 2(mod\ 10)$$
$$s_5 = 4s_4 + s_3 \equiv 4 \times 2 + 6 \equiv 14 \equiv 4(mod\ 10)$$
$$s_6 = 4s_5 + s_4 \equiv 4 \times 4 + 2 \equiv 18 \equiv 8(mod\ 10)$$
$$s_7 = 4s_6 + s_5 \equiv \cdots$$

と、これをどこまで続ければよいのでしょうか？ いつになったら周期性が見つかるのでしょう？

じつは……もう周期性は見つかっています。漸化式より s_n はその前の連続する2項（s_{n-1} と s_{n-2}）で決まるので、10で割ったときの余りが最初の2つと同じ（4と8）になれば、その後は同じことの繰り返しになり、す

なわち周期が見つかったことになるのです。

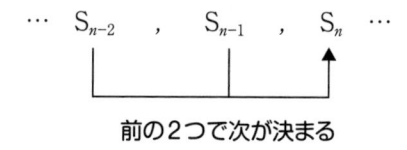

$$\cdots \; S_{n-2}, \; S_{n-1}, \; S_n \; \cdots$$

前の2つで次が決まる

上の帰納的な計算(思考実験)より、10で割ったときの余りは

$$4、8、6、2、4、8、\cdots$$

となるので、s_nを10で割ったときの余りは

$$4、8、6、2$$

を繰り返すことがわかります。表にしてみると、次のようになります。

項	S_1	S_2	S_3	S_4
余り	4	8	6	2
項	S_5	S_6	S_7	S_8
余り	4	8	6	2
項	S_9	S_{10}	S_{11}	S_{12}
余り	4	8	6	2
項	…	…	…	…
余り	4	8	6	2
項	S_{2001}	S_{2002}	S_{2003}	S_{2004}
余り	4	8	6	2

以上よりs_{2003}とs_3は余りが同じになります。合同式で書けば

$$s_{2003} \equiv s_3 \equiv 6 \,(mod\ 10)$$

です。よって、s_{2003} を 10 で割ったときの余りは 6 です。

……ということは、s_{2003} の 1 の位は 6。

「a^{2003} 以下の最大の整数の 1 の位」＝「s_{2003} の 1 の位」

でしたから、求める a^{2003} 以下の最大の整数の 1 の位は 6 です。

第4部　総合問題：10のアプローチを使ってみよう

> **総合問題②**
>
> 　平面上に正四面体が置いてある。平面と接している面の3辺のひとつを任意に選び、これを軸として正四面体をたおす。n回の操作の後に、最初に平面と接していた面が再び平面と接する確率を求めよ。
>
> 　　　　　　　　　　　　　　　　　　　[東京大学　1991年]

> 【この問題で使うアプローチ】
> 　　　　　アプローチ4「逆を考える」
> 　　　　　アプローチ6「相対化する」
> 　　　　　アプローチ7「帰納的に思考実験する」

　シンプルな問題です。まず正四面体の最初に平面と接していた面をAとしましょう。

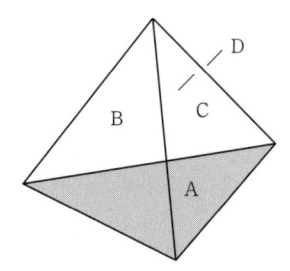

> **私の頭の中**
>
> 　　　「n回」の操作のあとって言われても…
> 　　　　　　　　↓
> 　　　わからない…
> 　　　　　　　　↓
> 　　　具体的にやってみよう！

というわけで、またしても

アプローチ7「帰納的に思考実験する」

を使って、具体的に考えてみます。

・1回の操作の後にAが平面に接することはあり得ないので

$$p_1=0$$

・2回の操作の後にAが平面に接するのは、

$$A→B→A$$
$$A→C→A$$
$$A→D→A$$

のいずれかで、正四面体を任意に倒す場合に選べる面は3つの候補のうちの1つだから、→の確率はいつも$\frac{1}{3}$。よってどの場合も

$$\frac{1}{3}×\frac{1}{3}=\frac{1}{9}$$

パターンは3パターンだから、

$$\frac{1}{9}×3=\frac{1}{3} \quad \cdots ①$$

・3回の操作の後にAが平面に接するのは

$$A→B→C→A$$
$$A→B→D→A$$
$$A→C→B→A$$
$$A→C→D→A$$
$$A→D→B→A$$
$$A→D→C→A$$

のいずれかです。

→の確率はいつも $\frac{1}{3}$。よってどの場合も

$$\frac{1}{3} \times \frac{1}{3} \times \frac{1}{3} = \frac{1}{27}$$

パターンは6パターンだから、

$$\frac{1}{27} \times 6 = \frac{6}{27} = \frac{2}{9} \quad \cdots ②$$

ですね。

　で、次は4回の操作の後を考えるわけですが……全パターンを書き出すのは少々骨が折れそうです。

私の頭の中

だんだん面倒になってきたな〜
↓
何か新しい視点はないか？
↓
逆（Aが平面と接しないとき）を
考えたらどうだろう？

　アプローチ4（138頁）のところで、「合言葉は『面倒だったら逆を考える！』です」と紹介しましたね。ということで

アプローチ4「逆を考える」

を使っていきます。

　3回目の操作の後の6パターンを書き出すときに、
　「あ、2回目の操作の後にAが平面に接しちゃダメだな」

と気づいた人は多いと思います。そうです。3回の操作の後にAが平面に接するとき、2回の操作の後はAは平面に接していません。

2回の操作の後に、Aが平面に接しない確率は①の逆の確率なので

$$1 - \frac{1}{3} = \frac{2}{3}$$

です。そして2回の操作の後にAが平面に接していないとき、Aは3つある側面のうちの1つだから、3回目にAが平面に接する確率は$\frac{1}{3}$。よって、3回の操作の後にAが平面に接する確率は

$$\frac{2}{3} \times \frac{1}{3} = \frac{2}{9}$$

と計算できることになります。はい、ちゃんと②と一致します。こちらの方がパターンを書き出すさっきの方法よりうんと楽ですね。

ここまで来ると、そろそろ一般化できそうです。

私の頭の中

「逆を考える」は使えそうだ！
↓
n回目の操作の後にAが平面に接する確率は
$n-1$回目にAが平面に接しない確率$\times \frac{1}{3}$だな。
↓
n回の操作の後の状況は
$n-1$回の操作の後の状況と
密接に関係してる！

と考えて

アプローチ６「相対化する」

を使っていきましょう。すなわち、隣りあう p_n と p_{n-1} の関係を求めていくのです。$n-1$ 回の操作の後にAが平面に接しない確率は $n-1$ 回の操作の後にAが平面に接する確率の逆なので

$$1 - p_{n-1}$$

です。$n-1$ 回の操作の後にAが平面に接していないとき、n 回目にAが平面に接する確率は $\frac{1}{3}$ なので、$n \geq 2$ のとき（p_1 と p_0 の関係は存在しないのでこの但し書きが必要です）

$$p_n = \frac{1}{3}(1 - p_{n-1})$$

と確率 p_n を相対化する（p_n と p_{n-1} の関係を求める）ことができました！あとはこれ（漸化式）を解いていくだけですね。

　ここで上の式を展開した

$$p_n = -\frac{1}{3}p_{n-1} + \frac{1}{3} \quad \cdots ③$$

は、

$$p_n = -\frac{1}{3}p_{n-1} + \frac{4}{12}$$

$$p_n = -\frac{1}{3}p_{n-1} + \frac{1}{12} + \frac{3}{12}$$

$$p_n = -\frac{1}{3}p_{n-1} + \frac{1}{12} + \frac{1}{4}$$

$$p_n - \frac{1}{4} = -\frac{1}{3}p_{n-1} + \frac{1}{12}$$

$$\left(p_n - \frac{1}{4}\right) = -\frac{1}{3}\left(p_{n-1} - \frac{1}{4}\right) \quad \cdots ④$$

と変形することができます。

> 数列（数B）が未修の人には唐突な変形だと思いますが、二項間漸化式の扱い方としては基本的な変形で、どんな教科書にも載っている変形です。未修の人は今は④を整理すると、確かに③式になることが確かめられれば十分です。そして、このように変形できれば、下記の要領で p_n を求めることができます。

この関係を繰り返し使っていくと、

$$\left(p_n - \frac{1}{4}\right) = -\frac{1}{3}\left(p_{n-1} - \frac{1}{4}\right) = -\frac{1}{3}\left\{-\frac{1}{3}\left(p_{n-2} - \frac{1}{4}\right)\right\}$$

$$= \left(-\frac{1}{3}\right)^2 \left(p_{n-2} - \frac{1}{4}\right) = \left(-\frac{1}{3}\right)^2 \left\{-\frac{1}{3}\left(p_{n-3} - \frac{1}{4}\right)\right\}$$

$$= \left(-\frac{1}{3}\right)^3 \left(p_{n-3} - \frac{1}{4}\right)$$

$$= \cdots$$

$$= \left(-\frac{1}{3}\right)^{n-1} \left(p_1 - \frac{1}{4}\right)$$

$$= \left(-\frac{1}{3}\right)^{n-1} \left(0 - \frac{1}{4}\right)$$

$$= -\frac{1}{4}\left(-\frac{1}{3}\right)^{n-1}$$

$$\therefore p_n = \frac{1}{4} - \frac{1}{4}\left(-\frac{1}{3}\right)^{n-1} \quad (n = 2, 3, 4\ldots)$$

と求められます。

ここまでは $n \geq 2$ として話を進めてきましたが、最後の式に $n = 1$ を代入すると、

$$p_1 = \frac{1}{4} - \frac{1}{4}\left(-\frac{1}{3}\right)^0 = \frac{1}{4} - \frac{1}{4} \times 1 = 0$$

┗ $a^0 = 1$ でした。

より$p_1 = 0$となるので、最初に具体的に考えたときの確率に等しくなりました。よって、$n = 1$のときもこの式は正しいことになります。

よって、求める確率は

$$p_n = \frac{1}{4} - \frac{1}{4}\left(-\frac{1}{3}\right)^{n-1} \quad (n = 1, 2, 3...)$$

総合問題③

3以上9999以下の奇数aでa^2-aが10000で割り切れるものをすべて求めなさい。

[東京大学　2005年]

【この問題で使うアプローチ】
　　　　　アプローチ5「和よりも積を考える」
　　　　　アプローチ6「相対化する」
　　　　　アプローチ9「同値変形を意識する」

まず、「a^2-aが10000で割り切れる」というのを式に直してみましょう。これは「a^2-aが10000の倍数」というのと同じことですね。

つまり、式にすると（数訳すると）

$$a^2 - a = 10000n\,(n\text{は整数})$$

と書けます。もし、今あなたが

「でも、『aが3以上9999以下の奇数』を数訳できてないなあ」

と思ったとしたら相当スルドイです。

私の頭の中

問題文を完璧には数訳できていない気がする…
↓
最初から完璧に満足するものを求めるのをやめよう
↓
必要条件で絞り込んでいけばいいや！

はい、

アプローチ９「同値変形を意識する」

を使っていこうと思ったわけです。

> 「同値変形を意識する」とは「必要条件と十分条件を意識する」ことであり、自分の書いた式が必要条件に過ぎないとわかっていれば、問題文と同値の式に数訳できていなくても、先に進めるわけです。

　つまり、a^2-a がこのように表せることは「a^2-a が10000で割り切れるためには少なくとも必要」なんだと考えられれば上等です。そしてこの後に、a が3以上9999以下の奇数であるためにどんな条件が必要かを考えていきます。
　とは言っても最初に問題文を数訳した

$$a^2 - a = 10000n \quad (n は整数)$$

という式は、このままでは何も教えてくれない気がしますね。そこで…

私の頭の中

情報が足りない気がするなあ…
↓
情報量を増やしたいっ！
↓
よし、和を積に直そう！

ということで、

アプローチ５「和よりも積を考える」

を使っていくわけです。式は和の形より積の形にした方が情報が増えるのでしたね！

　左辺は因数分解、右辺の10000は素因数分解（素数の積に直すこと）すると、$10000 = 5^4 \cdot 2^4$であることから

$$a(a-1) = 5^4 \cdot 2^4 n$$

となります。さあ、式の情報量が増えたところで、必要条件による絞り込みを行なっていきましょう！

　上の式の右辺は5^4の倍数と2^4の倍数の積になっています。左辺はaと$a-1$の積です。ここで当たり前と言えば当たり前ですが、この問題を解くにあたって重要なことを確認しておきます。それは…

隣りあう整数は互いに素

だということです。「互いに素」というのは「同じ数の倍数ではない」という意味ですから、aと$a-1$の両方が$5^4 \cdot 2^4$の倍数であることはあり得ません……ということは、どちらかが5^4の倍数で、どちらかが2^4の倍数だということになります。どっちがどっちでしょうか？

　ここで「aは奇数」という条件が役に立ちます。奇数であるaは2^4の倍数ではないはずです……ということは上の式が成り立つためには、aが5^4の倍数で$a-1$が2^4の倍数でないと困りますよね？　これが次なる必要条件になります。これを式にすると

$$a = 5^4 p \,(p\text{は奇数}) \quad \cdots ①$$
$$a - 1 = 2^4 q \,(q\text{は整数}) \quad \cdots ②$$

　また、aは3以上で9999以下の数なので、①より

$$3 \leq a \leq 9999$$
$$3 \leq 5^4 p \leq 9999$$
$$3 \leq 625p \leq 9999$$
$$\frac{3}{625} \leq p \leq \frac{9999}{625}$$

$$0.004\ldots \leq p \leq 15.9\ldots$$

p は奇数の整数なので、

$$1 \leq p \leq 15 \quad \cdots ③$$

であることが必要です。さあ、だいぶ絞りこめてはきましたが、この後どうしましょう？ p に $1～15$ の奇数を全部代入していって確かめる方法も考えられなくはありません。でも、面倒ですよね～。そこで…

私の頭の中

①と②は a と $a-1$ についての条件式だな…
↓
a と $a-1$ は隣り合う数でしょ…
↓
ん？ 隣り合う？…おっ！ ってことは2つの数の差は「1」だ！
↓
①－②を作ってみよう！

のように考えられればしめたもの。そうです。「差」に注目することで

アプローチ6「相対化する」

を使っていきます。

①-②の引き算をして相対化しましょう！　そうすると、a が消去できて

$$a - (a - 1) = 5^4 p - 2^4 q$$
$$1 = 5^4 p - 2^4 q$$

左辺と右辺を入れ替えて、$5^4 = 625$、$2^4 = 16$ より

$$625p - 16q = 1$$
$$q = \frac{625p - 1}{16}$$
$$= \frac{625}{16}p - \frac{1}{16}$$
$$= 39\frac{1}{16}p - \frac{1}{16}$$
$$= \left(39 + \frac{1}{16}\right)p - \frac{1}{16}$$
$$= 39p + \frac{p - 1}{16}$$

⎡ q は整数だとわかっているので、整数とそうでない部分に分けています。 ⎤

③の範囲で q が整数になれるのは

$$p = 1$$

のときだけです。

　このように必要条件で絞り込んでくると、とうとう答えの候補は1つだけになってしまいました。このとき、①より

$$a = 5^4 \times 1 = 625$$

です。ただし、ここまではあくまで必要条件なので、これが十分条件であ

ることを最後に確かめておきましょう。

 $a = 625$ のとき、a は確かに 3 以上 9999 以下の奇数で

$$a(a-1) = 625 \times 624 = 5^4 \times 2^4 \times 39 = 10000 \times 39$$

より、$a^2 - a$ は 10000 で割り切れます。

 よって、求める答えは

$$a = 625$$

総合問題④

円周率が3.05より大きいことを証明せよ。

［東京大学　2003年］

【この問題で使うアプローチ】

アプローチ７「帰納的に思考実験する」
アプローチ８「視覚化する」
アプローチ10「ゴールから逆をたどる」

じつにシンプルな問題です。個人的にはこういう問題は大好きですが、とっかかりが難しいですね。そもそも円周率って何でしたっけ……？

私の頭の中

「円周」の率なんだから、円周に絡めるんじゃないかな？
↓
円周＝直径×円周率（π）なんだから…
↓
もし半径が１なら円周は２πだな
↓
「3.05＜π」を示したいということは…
↓
「6.10＜２π」が示せればいいんだな

と、6.10＜２π を示すことを目標に定めます。この問題は証明問題なので、

アプローチ10「ゴールから逆をたどる」

を使ったわけです。

でも、「6.10<2π」を示すと言っても、この段階では具体的なアイディアは湧いてきません。そこで…

私の頭の中

2πは半径1の円周だ
↓
6.10は2π（2×3.14）よりわずかに短い…
↓
とりあえず、半径1の円を書いてみよう
↓
この円の円周よりわずかに短いもの…
↓
あっ！　円に内接する正多角形の周の長さは
円周より、ちょっとだけ短いぞ！

はい、ここでは

アプローチ8「視覚化する」

を使っています。半径1の円の円周を考えようとしているのですから、ごく自然なことだと思います。とりあえず、次のように計算用紙等に書いてみます。すると、

正n角形

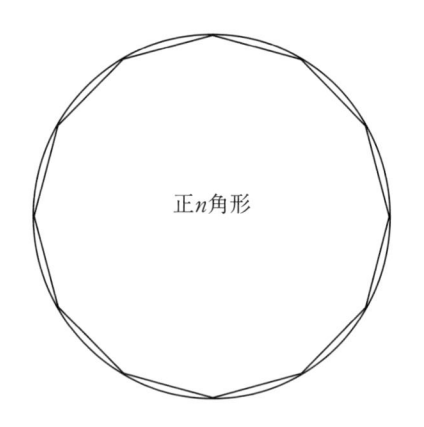

図より明らかに

$$\text{正}n\text{角形の周の長さ}<\text{円周}$$

ですね。そこで半径1の円に内接する正n角形の周の長さをlとすると、円周は2πなので

$$l<2\pi$$

は明らかです。ここで、ちょうど$l=6.10$になるような正n角形が見つからなくても大丈夫です。なぜならA＞Bを証明したいとき、A＞Cであり、かつC＞BであるようなCが見つかればそれで十分だからです。

> たとえば、A君はC君よりテストの点数が高く、C君はB君よりもテストの点数が高いのであれば、A君とB君の点数は直接比べなくても、A君の方がB君よりもよい点であることは明らかですよね？

ということで、すなわち、周の長さlが

$$6.10<l$$

となるような適当な正n角形を見つけることが目標になりました！

> **私の頭の中**
>
> 何角形を考えればよいのだろう？
> ↓
> わからない…
> ↓
> いくつか具体的に書いてみよう！

ということで、

アプローチ7「帰納的に思考実験する」

を使っていきます。

n に具体的な数字を入れてみましょう。

正4角形（$n=4$）の場合、

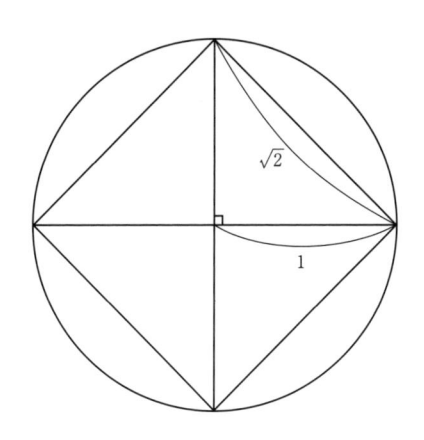

図より、正四角形の周の長さは、$\sqrt{2}=1.4142\cdots>1.41$ として、

$$l = 4\times\sqrt{2} > 4\times 1.41 = 5.64$$

> ここで√2の近似値を使いましたが、
>
> > $\sqrt{2} = 1.41421356\cdots$（一夜一夜に人見ごろ）
> > $\sqrt{3} = 1.7320508\cdots$（人並みにおごれや）
> > $\sqrt{5} = 2.2360679\cdots$（富士山麓オウム鳴く）
>
> は有名です。私はこの本の中で終始、解法を覚えることの無意味さを説いてきましたが、解法や公式を丸暗記するよりも、こういう近似値が頭に入っている方がずっと役に立つと私は思います。

です。まだまだ6.10には足りませんね。

次は正6角形（$n=6$）ではどうでしょう？

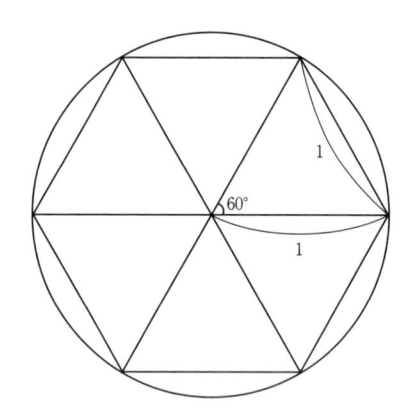

図より、正6角形の周の長さは

$$l = 6 \times 1 = 6$$

です。まだ少し6.10には足りません。

もう少しnの値を大きくする必要がありそうです。しかし、半径1の円に内接する正多角形で1辺の長さを求めるには、円の中心と各頂点を結んだときにできる二等辺三角形の頂角の角度が切りのよい数字（30°や45°や60°や90°）である必要があります。そこで、頂角が30°になるときを考えてみましょう。それは正12角形（$n=12$）のときです。

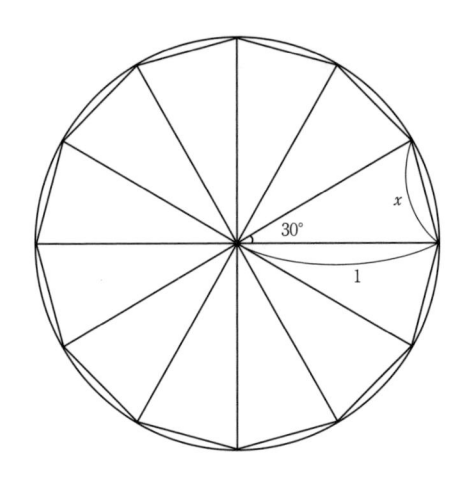

第4部　総合問題：10のアプローチを使ってみよう

　このときの x を求めていきます。三角比の余弦定理を使えば、すぐにわかるのですが、ここではあえて、三平方の定理から導いていきます。補助線は平行線か垂線を考えるのでしたね（85頁）。ここでは下の図でBからOAに垂線を下ろします。1つの角度が30°の直角三角形は、各辺の比が1：2：$\sqrt{3}$ であることを使うと、OB = 1 より

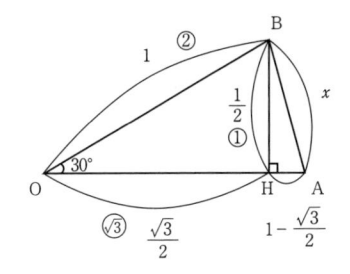

図のように、BH = $\frac{1}{2}$, OH = $\frac{\sqrt{3}}{2}$ がわかります。また、OA = 1 より

$$HA = OA - OH = 1 - \frac{\sqrt{3}}{2}$$

ですね。△BHAに三平方の定理を用います。

$$x^2 = \left(1 - \frac{\sqrt{3}}{2}\right)^2 + \left(\frac{1}{2}\right)^2$$

$$= 1 - \sqrt{3} + \frac{3}{4} + \frac{1}{4}$$

$$= 2 - \sqrt{3}$$

これより、

$$x = \sqrt{2 - \sqrt{3}} = \sqrt{\frac{4 - 2\sqrt{3}}{2}}$$

$$= \sqrt{\frac{3 - 2\sqrt{3} + 1}{2}} = \sqrt{\frac{(\sqrt{3} - 1)^2}{2}}$$

$$= \frac{\sqrt{3} - 1}{\sqrt{2}} = \frac{\sqrt{6} - \sqrt{2}}{2}$$

$$= \frac{\sqrt{2}(\sqrt{3} - 1)}{2}$$

> 随分とトリッキーな変形に思えるかもしれませんが、$\sqrt{}$ が二重（二重根号）になっているときに行なう標準的な変形です。この変形方法は教科書に載っています。

それでは $\sqrt{2} > 1.41$ と $\sqrt{3} > 1.73$ を使って x を近似計算してみましょう。

$$x = \frac{\sqrt{2}(\sqrt{3} - 1)}{2} > \frac{1.41 \times (1.73 - 1)}{2} = \frac{1.41 \times 0.73}{2} = 0.51465$$

└ $\sqrt{2}$ と $\sqrt{3}$ をより小さい値で書き換えているので全体もより小さくなります。

つまり、

$$x > 0.51$$

です。さあ、このとき正12角形の周の長さlが6.10より大きいことが言えるでしょうか？ lはxの12倍ですから、ドキドキしながら計算してみると……

$$l = 12x > 12 \times 0.51 = 6.12$$

となり、lが6.10を超えました！＼(^o^)／

　半径1の円に内接する正12角形の周の長さをlとすると図より$l<2\pi$は明らかでしたね。以上より、

$$6.10 < l < 2\pi$$

よって、

$$6.10 < 2\pi$$
$$\therefore \quad 3.05 < \pi$$

（証明終わり）

おわりに

　この本では主に中学～高校1年生の範囲の数学を扱いました（中には逸脱したものも含まれます）。それは、そのあたりでつまづく人がとても多いということと、前提となる知識が少なくてすむようにしたかったことが理由です。ただ、読者の皆さんにとっては、
　「この本に書かれていることはこの先の数学でも使えるのか？」
というのが気になるところだと思います。答えはもちろんイエスです。第3部の10のアプローチと数ⅡB～数ⅢCの各単元の関連を書きだしてみたいと思います。

> 高校数学は平成24年度の高校1年生から新学習指導要領が適用になっていますがここでは、読者のみなさんに馴染みのある旧課程の単元でご紹介します。

　出てくる単元名は馴染みの薄いものも多いと思いますが、今は気にしないでください。とにかく
　「ほ～、いろいろと使えそうだな」
ということが感じてもらえれば十分です。

アプローチ1　次数を下げる
　・剰余の定理（数Ⅱ）
　・半角の公式（数Ⅱ）
　・三角関数の積和の公式（数Ⅲ）
　・空間ベクトル（数B）
　・三角関数の積分（数Ⅲ）
　・部分積分（数Ⅲ）
　・ケイリー・ハミルトンの定理（数C）

アプローチ2　周期性を見つける
　・三角関数のグラフ（数Ⅱ）

- 漸化式（数B）
- n次導関数（数Ⅲ）
- 部分積分（数Ⅲ）
- 行列のn乗（数C）

アプローチ3　対称性を見つける
- 解と係数の関係（数Ⅱ）
- 3次関数のグラフ（数Ⅱ）
- 偶関数と奇関数の積分（数Ⅱ、数Ⅲ）

アプローチ4　逆を考える
- 対数（数Ⅱ）
- 積分（数Ⅱ、数Ⅲ）
- 逆関数（数Ⅲ）
- 逆行列（数C）

アプローチ5　和よりも積を考える
- 等式、不等式の証明（数Ⅱ）
- 式変形（全般）

アプローチ6　相対化する
- 階差数列（数B）
- 漸化式（数B）
- ベクトルの分解（数B）

アプローチ7　帰納的に思考実験する
- 数学的帰納法（数B）
- 分数漸化式（数B）
- 整数問題全般

アプローチ8　視覚化する
　・軌跡と領域（数Ⅱ）
　・三角方程式、三角不等式（数Ⅱ）
　・関数の増減、極値、グラフ（数Ⅱ）
　・定積分と面積（数Ⅱ、数Ⅲ）
　・関数の最大値・最小値（全般）
　・ベクトルの内積（数B）
　・ベクトル方程式（数B）
　・数列の極限（数Ⅲ）
　・中間値の定理（数Ⅲ）
　・平均値の定理（数Ⅲ）
　・極座標と極方程式（数C）

アプローチ9　同値変形を意識する
　・恒等式（数Ⅱ）
　・等式・不等式の証明（数Ⅱ）
　・三角方程式（数Ⅱ）
　・指数方程式（数Ⅱ）
　・対数方程式（数Ⅱ）
　・極限の条件からの係数の決定（数Ⅲ）

アプローチ10　ゴールからスタートをたどる
　・証明問題全般

　いかがでしょうか？「確かに関係するかも」と思えるものもあれば、「へ〜、なんか結びつかないけどなあ」と思えるものがあったり、そもそも「なにこれ？？？」というものがあったりすると思います。
　ここに挙げたものは、単元内容として関わりの深いものを書いただけで、いざ問題を解くというシーンになれば、10のアプローチはもっといろいろな単元のあらゆる所で、縦横無尽に顔を出します。この先の勉強に

進めば、きっと「あっ、また出てきた！」と思ってもらえるはずです。

とにかく数学の世界は広大です。この本に出てくる勉強の姿勢や10のアプローチによって、今までは袋小路だらけのように感じられた数学に一段高い所から世界を見るような広がりを感じてもらえれば、そしてその遙かなる地平をもった美しい世界に一歩を踏み出す勇気を持ってもらえるなら、筆者としてこれ以上の喜びはありません。

数学の勉強には"自由な環境"が必要

私が高校生のときに、この本にあるような数学の勉強法を確立することができたのは、当時の自分の環境、すなわち両親と先生に恵まれたからです。

父は東大で情報科学を教える学者でした。私は日曜の度に1週間の間に溜まった質問を父に持って行き、それに答えてもらっていました。しかし、いくら学者だと言っても、父も高校の数学の内容はほとんど忘れてしまっています。そのため、答えを「教える」のではなく、一緒に「考える」ということを父はしてくれました。そしてどんな問題でも、大概答えへの道筋やヒントを示してくれました。この経験は

「ああ、数学は覚えていなくてもできるんだなあ」
ということを確信するに十分な経験でした。

また、母はとにかく明るく天真爛漫な人で、私がどんなに悪い成績を取ってきてもそれを叱ることはなく、

「ひどい点数やねえ〜（笑）」（母は関西の人です）
と、一緒に笑い飛ばしてくれました。そんな母からは一度も「勉強しなさい」と言われたことはなく、そのおかげで私にとって勉強が「勉めて強いられるもの」になることはありませんでした。母から伝わってくる信頼感の中で私は自由に、そして楽しく勉強と向き合うことができました。

そして、高校の数学の先生は、あるとき、いつも成績の悪い私の肩に手を置いて「お前はそれでいい」と言ってくれました（←でも点数はくれませんでした）。本当に私の数学の成績は酷かったので、先生の言葉の真意

は測りかねます（笑）。ただ当時の私は、数学においては「覚える」ということをまったくしなくなっていて、テストになると問題に使う定理や公式の証明から答案を書いていたので、私が数学を楽しもうとしていることは見抜いてくれていたのかもしれません。

　一言で言えば、当時の私は自由でした。
「覚えなくてはいけない」
「テストでよい点をとらなくてはいけない」
といった、締め付けをほとんど感じることなく、数学を好きなように勉強することができました。これは高校生としてはほとんど奇跡的だったとは思いますが、じつは大人の方は誰でもこの「自由な環境」を持っています。大人であれば、何かに追われることなく興味の赴くままに数学を楽しむことができる環境にあるはずです。ぜひこれからは数学の勉強にその自由な環境を活かしてください。

　最後になりましたが、どうしても堅くなりがちな数学の話を、読みやすくまた伝わりやすくなるようにイラストを描いて下さったきたみりゅうじさん、カバーと本文を素敵なデザインにして下さった萩原弦一郎さん、若輩者の私に今回このような機会を与えて下さったダイヤモンド社の横田大樹さんには心からの感謝を申し上げたいと思います。

　　　　　　　　　　　　　　　　　　　　　　　永野　裕之

[著者]
永野裕之（ながの・ひろゆき）

1974年東京生まれ。暁星高等学校を経て東京大学理学部地球惑星物理学科卒。同大学院宇宙科学研究所（現JAXA）中退。高校時代には数学オリンピックに出場したほか、広中平祐氏主催の「第12回数理の翼セミナー」に東京都代表として参加。現在、個別指導塾・永野数学塾の塾長を務める。大人にも開放された数学塾としてNHK、日本テレビ、日本経済新聞、ビジネス誌などから多数の取材を受ける。2011年には週刊東洋経済にて「数学に強い塾」として全国3校掲載の1つに選ばれた。プロの指揮者でもある。
URL：http://jyuku.donaldo-plan.com/

[イラスト]
きたみりゅうじ

もとはコンピュータプログラマ。本職のかたわらホームページで4コマまんがの連載などを行なう。この連載がきっかけで読者の方から書籍イラストをお願いされるようになり、そこからの流れで何故かイラストレーターではなくライターとしても仕事を請負うことになる。『キタミ式イラストIT塾「ITパスポート」』『キタミ式イラストIT塾「基本情報技術者」』（技術評論社）、『フリーランスを代表して申告と節税について教わってきました。』（日本実業出版社）など著書多数。
URL：http://www.kitajirushi.jp/

大人のための数学勉強法
――どんな問題も解ける10のアプローチ

2012年8月30日　第1刷発行
2017年5月31日　第7刷発行

著　者———永野裕之
イラスト———きたみりゅうじ
発行所———ダイヤモンド社
　　　　　〒150-8409　東京都渋谷区神宮前6-12-17
　　　　　http://www.diamond.co.jp/
　　　　　電話／03・5778・7234（編集）03・5778・7240（販売）

装丁———萩原弦一郎（デジカル）
製作進行———ダイヤモンド・グラフィック社
印刷———八光印刷（本文）・加藤文明社（カバー）
製本———川島製本所
編集担当———横田大樹

© 2012 Hiroyuki Nagano
ISBN 978-4-478-01766-1

落丁・乱丁本はお手数ですが小社営業局宛にお送りください。送料小社負担にてお取替えいたします。但し、古書店で購入されたものについてはお取替えできません。
無断転載・複製を禁ず
Printed in Japan

◆ダイヤモンド社の本◆

シリーズ累計47万部突破！
「統計学」入門書の金字塔

あみだくじは公平ではない？　DMの送り方を変えるだけで何億円も儲かる？　現代統計学を創り上げた1人の天才学者とは？　統計学の主要6分野って？　——ITの発達とともにあらゆるビジネス・学問への影響力を増した統計学。その魅力とパワフルさ、全体像を、最新の研究結果や事例を多数紹介しながら解説する、今までにないガイドブック。

統計学が最強の学問である
データ社会を生き抜くための武器と教養

西内啓［著］

●四六判並製●定価（本体1600円＋税）

http://www.diamond.co.jp/